意志控制行为 心态改变情绪

自控力把握人生航线

主编 拾 月
编著 陈志华

图书在版编目（C I P）数据

意志控制行为 心态改变情绪：自控力把握人生航线 / 陈志华编著. -- 北京：现代出版社, 2015.4（2024.9重印）
ISBN 978-7-5143-3575-0

Ⅰ. ①意… Ⅱ. ①陈… Ⅲ. ①人生哲学－通俗读物
Ⅳ. ①B821-49

中国版本图书馆 CIP 数据核字(2015)第 082124 号

意志控制行为 心态改变情绪：自控力把握人生航线

主　　编　拾　月
编　　著　陈志华
责任编辑　王敬一
内文制作　诚美天下文化传播有限公司
出版发行　现代出版社
地　　址　北京市安定门外安华里 504 号
邮　　编　100011
电　　话　（010）64267325
传　　真　（010）64245264
邮　　箱　xiandai@cnpitc.com.cn
网　　址　www.1980xd.com
印　　刷　唐山富达印务有限公司
开　　本　700mmx1000mm　1/16
印　　张　9
版　　次　2015 年 5 月第 1 版　2024 年 9 月第 4 次印刷
书　　号　ISBN 978-7-5143-3575-0
定　　价　57.00 元

前言

每个青少年，都是这个社会中最宝贵的财富，正所谓“少年强则国强”，大至一个民族、一个国家，小至一个家庭、一个家族，都应重视青少年的教育问题。除此之外，也应该重视青少年在这个青春期里，是否能够感受到人世间的善、恶、美、丑。在每个人的人生中，除了需要自身独特的性格之外，还需要拥有感受世界的能力。

魅力、活力，能够释放独特自我，展示该有的青春形象。

魔力、影响力，能够修炼出独特的品性，散发阳光般的魅力。

自控力、注意力，能够时刻反省自身，不脱离人生正常的轨道。

思考力、发展力，能够拓展聪明才智，提升自身的竞争力。

情商力、记忆力，能够全面在社会上的竞争力，助力前行的脚步。

青春，是每一个人最美好的一段时光，也是每个人人格、性格定型的重要阶段，在这个时期，我们需要享受青春的快乐，同时也需要完成自我塑造。通过心理自助，最终从一个小男生、小女生逐渐成长为一个有着健全人格的人，成长为一个对社会、对家庭、对自我有着相对完整认知的人，成长为能够为自己的未来做主的人。这才是一个最充实、最有价值的青春。每个梦想都值得我们认真对待，每个青少年都是未来的希望。在青春之中，我们不仅要有欢乐，同时也要拥有未来！

本丛书是你化解烦恼的“心灵鸡汤”，可以给你增加快乐的心理自助法则；本丛书会让你认识到：掌控心理，方能掌控世界；改变自己，才能改变一切。本丛书还将告诉你：只有实现积极的心理自助，才能收获快乐而充实的青春。

目录

第一篇 控制自己的内心：掌握人生的主动权

第二篇 情绪是把双刃剑：掌控好情绪方能掌控未来

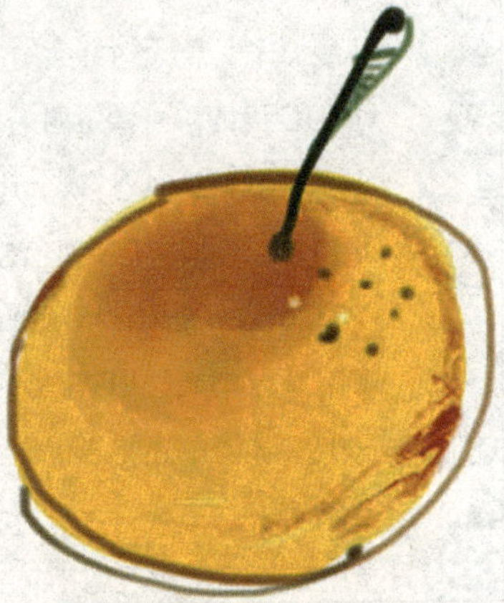

第三篇 把握人生方向：预见未来的自己

目录

第四篇 养成良好的习惯：让自己变得更完美

第五篇 节制自己的欲望：让心灵得以飞扬

第一篇

控制自己的内心：掌握人生的主动权

每个人都有属于自己的内心世界，只有控制好自己的内心，才能把握住随时可能来到的机会，掌握人生的主动权。控制自己的内心需要做到相信自己、恬然淡定、心平气和、坚定执着，还要学会释放压力。

相信自己，战胜困难的利刃

故事话题

俄国著名戏剧家斯坦尼斯拉夫斯基，一次在排演一场话剧的时候，女主角突然因故不能出演了，斯坦尼斯拉夫斯基在找不到其他合适人选的情况下，只好让他的大姐临时担任这个角色。他的大姐以前只做过服装道具管理员，现在突然要出演主角，便产生了胆怯的心理，排练时演得极差，这引起了斯坦尼斯拉夫斯基的烦躁和不满。

有一次正在彩排的时候，斯坦尼斯拉夫斯基突然停了下来，说："这场戏是全剧的关键，如果女主角仍然演得这样差劲儿，整个戏就不能再往下排了！"这时全场鸦雀无声，他的大姐很久都没有说话。突然，她抬起头来说："排练！"紧接着她一扫之前的羞怯和拘谨，非常自信地继续参加彩排，演的非常到位。

斯坦尼斯拉夫斯基高兴地说："我们又拥有了一位表演艺术家。"

故事解析

相信自己是获得成功的伴侣，是战胜困难的利剑，是通往理想彼岸的舟楫，它可以将你带上成功之路。相信自己便可以在遇到困难的时候说一句“我能”。如果你的脸上总是挂上自信的笑容，那么你就离成功更近了一步。

我们应该在人生的大海中扬起自信的风帆，或许你会发现，成功就在不远的前方。笑对人生，以自信来面对我们可能遭遇的挫折与痛苦，生命才会充满活力。

自信是一缕和煦的春风，当你自信地绽放出动人的微笑，那么你看到的也将是一片明朗的天空。自信使我们的脚步变得坚实稳健，它就像一粒种子，深藏在人们的心里，随时都可能发芽，开出绚烂的花朵。

故事穿越

华罗庚在中学毕业以后，因为交不起学费而被迫辍学。

回到家乡后，华罗庚一面帮父亲干活，一面继续读书自学。不久，华罗庚又身染伤寒，生命垂危。华罗庚在床上躺了半年，终于痊愈了，但是却留下了残疾——左腿的关节变形。

当时，华罗庚只有19岁，在那迷茫、困惑，近似绝望的日子里，他想起了孙膑。“古人尚能身残志不残，我才只有19岁，更没有理由自暴自弃，我要用健全的头脑，补偿身体的残缺！”

青年华罗庚就这样顽强地和命运作斗争。白天，他拖着病腿，忍着剧烈的疼痛，拄着拐杖干活，晚上，他在油灯下自学到深夜。

20岁，华罗庚开始将自己发现的数学定理写成论文投稿。他经常收到退稿信，告诉他这个定理已经被其他国家的数学家给解决了。这让他更加信心满满，因为他在没有看到他们结论的情况下，自己解决了这些难题。

1930年，华罗庚的论文在顶级期刊《科学》杂志上发表了，这篇论文让清华大学数学系主任熊庆来教授大吃一惊。此后，清华大学聘请华罗庚做助理员。在清华园，华罗庚一边做着助理员的工作，一边在数学系旁听，还用4年时间自学了英文、德文、法文，除此之外还发表了10篇论文，过得十分充实。华罗庚在25岁的时候，就已经是蜚声国际的青年学者了。

故事微语

在遇到困难和挫折时，充满自信的人，总是能够奋发向上，征服挫折和失败，进而获得成功。而缺乏自信的人，遇到困难和挫折时，往往会缺乏战胜困难的决心。所以没有自信心的人，很难在事业上取得成功。

自信是一种力量，无论身处什么境遇，都应该微笑着面对人生，有了自信，生活便有了希望。“天生我材必有用”，只要拥有自信，拥有一颗积极向上的心，成功迟早会属于你的。同学们，让我们扬起自信的风帆，在人生的航道上行驶起来吧！

心灵箴言

自立自重，不可跟人脚迹，学人言语。

——陆九渊

有信心的人，可以化渺小为伟大，化平庸为神奇。

——[英] 萧伯纳

自信与骄傲有异，自信者常沉着，而骄傲者常浮扬。

——梁启超

除了人格以外，人生最大的损失，莫过于失掉自信心了。

——[英] 培尔辛

能够使我飘浮于人生的泥沼中而不致陷污的，是我的信心。

——[意] 但丁

恬然淡定，学会洒脱地活

故事话题

一天，英国时任首相布莱尔偕同夫人来到法国西南部的一个小镇上度假。

这虽然是首相夫妇大驾光临，但小镇上的人们依然活得十分洒脱，没有表现出任何拘谨，大家该晒太阳的晒太阳，该谈恋爱的谈恋爱，所有的人都生活得自在而有序。明知布莱尔是个“大人物”，但大家仿佛并没有太过注意，因为所有的人都是平等的。

布莱尔喜欢泡吧，小镇唯一的一家酒吧老板丝毫没给面子，按预定计划关门休假去了。不过，老板仍然很礼貌地在酒吧门口留下一张字条，上面这样写道：“欢迎布莱尔先生和太太，很抱歉，现在我们在放假，假期结束后我们会回来的。很抱歉！”

St. 007
BAR

故事解析

洒脱的人最快活。恬然淡定的人能够保持一颗健康向上的心、一种怡然自得的态度、一种活得潇洒的从容。始终保持人格的独立，守卫心灵的一方净土。恬然于心，淡定于行，踏实做事，快乐生活！

恬然淡定的人生，是像鱼儿一样，去享受嬉戏浪花、穿过江河的乐趣；是像鸟儿一样，去享受歌唱山林、翱翔天空的肆意。恬然淡定的心态如水，绵柔而不失真性；遇矩则方，遇盘则圆；可以宁静如湖泊，可以奔腾若江河；随性而为，临境而安。

故事穿越

在巴黎举办的一场大型音乐会上，人们正在如痴如醉地听着著名小提琴家欧尔·布里美妙绝伦的演奏。突然，正聚精会神演奏小提琴的布里心一颤——他发现小提琴的一根弦断了。但迟疑并没有超过半秒钟，他便像什么事情都没有发生一样，继续面带微笑地一曲接一曲地演奏着。观众们和布里一起沉浸在优美的旋律之中，整场音乐会举办得非常成功。

终场时，布里兴奋地高举起了小提琴谢幕，那根断掉的琴弦在半空中很醒目地摇动着。全场观众惊讶之后，便钦佩地报以更为热烈的掌声，向这位遇事不惊、技艺高超的音乐家致以深深的敬意。

记者采访布里的时候问道："何以能够保持如此镇定？"布里一脸轻松道："其实那也没什么，只不过是断了一根琴弦，我还可以用剩下的琴弦继续演奏啊。这就是我们熟悉的许多遭受不幸的人生，依然可以是美丽无憾的。"

故事微语

布里的表现与他的表演一样精彩，“只不过是断了一根琴弦”，向世人传递的是自己恬然淡定的态度，这种态度就是洒脱，是不肯向挫折低头的信念，是命运在自己手中的强者充满自信的宣言，是坦然前行的智者面对岁月中那些风雷电雨骄傲的回应。

洒脱依托的是修养，闪烁的是智慧的灵光，展现的是不俗的优雅。不为传统所束缚，不被世俗所困住，不因境遇而失衡，不因窘促而失态，不被物欲所缠魂，不为名利而熏心。正可谓：腹有诗书气自华，胸藏智慧自洒脱！

心灵箴言

胸中洒落如光风霁月。

——黄庭坚

谦退，是保身第一法；安详，是处事第一法。涵养，是待人第一法；洒脱，是养心第一法。

——山阴金

洒脱是一种智慧、一种境界、一种博大和练达，一种建立在良好气度、风度和分寸上的处世态度和风格。

——佚名

洒脱：一曰不计较个人得失；二曰只在乎曾经拥有，不在乎天长地久；三曰拿得起，放得下，不为别人活着。

——佚名

释放压力，给内心做减法

故事话题

有一位心理学教授正在给学生们上课，大家都认真地听着。突然，教授向大家提了一个问题："各位认为这杯水有多重？"说着，他拿起一杯水。有人说 200 克，也有人说 300 克。

"是的，它只有 200 克，那么，你们可以将这杯水在手中拿多久？"教授又问。

很多人都笑了："200 克而已，拿多久也不会怎么样啊！"

教授没有笑，他接着说："拿 1 分钟，各位一定觉得没问题；拿 1 小时，各位可能会觉得手臂酸痛；拿 1 天呢？1 个星期呢？估计就得叫救护车了。"大家又笑了，不过这次是赞同的笑。

教授继续说道："其实这杯水的重量真的微不足道，但是你拿得越久，就觉得越沉重。这如同将压力放在身上，不管压力是否很重，时间长了沉重到无法承担。我们需要做的是放下这杯水，休息一会儿后再拿起，这样我们便会拿得更久。所以，我们也应该在适当的时候放下所承担的压力，好好地休息一下，养精蓄锐后再拿起来，便可以承担得更久。"说完，教室里响起了一片掌声。

故事解析

压力是任何人都避免不了的，谁都必须承担一些压力。要想活得轻松，就必须要学会如理处理压力。教授教大家处理压力的方法是释放压力，只有将压力全部释放，才能给内心做减法，进而才会有能力重拾压力，战胜困难和挫折，取得最后的胜利。

生活中会发生很多让我们意想不到的事情，所以才会有人发出“行路难，行路难，多歧路，今安在”的感慨。但是如果你能在释放压力之后，再重拾压力，那么你就会战胜困难，抵达成功的彼岸。

让我们在释放压力之后，再用坚定的意志，非凡的气度，博大的胸襟去承受生命中所有的风浪，承受所有的磨难挫折，承受生活中的一切压力吧！

故事穿越

鲁豫在一次采访白岩松的时候，问：“面对高强度的工作压力，你是如何应对的？”白岩松道出了他面对压力的秘诀：“学会关门。”

平时在电视上看到的白岩松，不苟言笑，用他那富有磁性的嗓音分析着时事问题，从暴风雪到大地震，从农村改革到医改。

白岩松说道：“新闻主持人这个行业就是绞肉机、名利场，一个公众人物在大众的视线里可以很快成为‘民族脊梁’，也可能一下子成为‘卖国贼’。在这样的环境中，作为主持人就要学会关门。如果不能把这些问题看淡，天天活在别人的舌头里将是件可怕的事。如果没有一扇‘门’把自己关上，什么都别想干……”

于是白岩松在工作结束以后，会把与工作有关的一切都关掉。关上“门”之后，外面的一切和自己都不会有任何关系。工作一旦结束，心门一关，便到了另外一个世界。

工作时间，可能会懊恼，可能会得意，但是工作一旦结束，就得关上“门”，放自己回到生活中，做回自己，做自己想做的事情，逛街、旅游、看电影、喝咖啡……白岩松说话直率，一针见血，得罪的人也多，他能够顶住外面的流言蜚语，依然活得非常潇洒，正是因为他懂得关“门”。

故事微语

生活不可能总是如自己想象的那般美好，事事顺心如意的生活是不可能存在的，最重要的是积攒生活的经验，处理好生活中所遇到的种种压力。

在当今社会中，每个人都应学习如何释放压力——释放精神上的压力，只有这样才能活出真正健康豁达的人生。而我们的生活中，总有些压力是不可避免的。所谓有张有弛，我们必须学会时常释放压力，学会调整自己的心态，只有张弛有度，才能行得久，行得好，行得远。

心灵箴言

只有充分放松，才能有力出击。

——陈安之

放松身心，不存目的，不刻意寻找一个投诉的对象，那份自在和愉快，必定是不同的。

——三毛

企业的情况很复杂，所以应该有壮士断臂的勇气和决心，因为这个放弃减少了对他的很多压力和拖累，使他更有力量，寻找更好的机会来发展。

——段永基

心平气和，不因琐事而烦恼

故事话题

一次台球比赛中，一位运动员马上就要获得世界冠军了。他只要把最后那个 8 号黑球打进球洞，凯歌就会立刻奏响了。

可是，就在这时，不知从哪里飞来了一只苍蝇。苍蝇第一次落在运动员手臂上的时候，有些痒，他停下来。苍蝇飞走了。运动员俯下腰去，准备击球。这时候，苍蝇又飞回来了，这回竟飞落在了运动员紧锁着的眉头上。运动员极不情愿地再次停了下来，烦躁地去打那只苍蝇。苍蝇却轻捷地脱逃了。运动员做了一番深呼吸后准备再次击球。可是，他发现那只令人讨厌的苍蝇又回来了，像个幽灵一样地落在了 8 号黑球上。

运动员怒不可遏，拿起球杆对着苍蝇捅去。苍蝇受到惊吓飞走了，可球杆触动了黑球。按照比赛规则，该轮到对手击球了。对手抓住了这个机会，一口气把自己该打的球全打进了。

比赛失败，运动员恨透了那只苍蝇。可惜的是他后来患了重病，再也没有机会走上赛场了。临终时运动员对那只苍蝇仍然耿耿于怀，一只苍蝇和一个运动员的命运胶着在一起，也许是偶然的，但倘若运动员当时能够克制住心中的怒火并冷静处理好这件事情的话，故事的结局也许就会改写了。

VS
8
1
4
3
7

故事解析

比赛注重的不仅仅是技能，更重要的是心理素质。善于控制自己情绪才会避免出现不必要的差错。比赛如此，做人做事又何尝不是这样呢？善于控制自己的情绪，才能在生活中获得更多的“冠军”。

平和心态是一种人生修养，一种人生境界。人的一生，每个人都不可避免地会遇到各种各样的烦心事。既然不可避免，那么，就用一颗平和心态来面对吧，平和的心态会让我们的心情更加放松，不会因为不顺心的事情而影响了心情，从而影响自己的理智。宽阔的心胸，平和的心态，可以让我们变得更加快乐。

故事穿越

在非洲草原上，有一种很不起眼的动物叫吸血蝙蝠。它的身材极小，却是野马的天敌。

吸血蝙蝠在攻击野马的时候，常趴在马腿上，用锋利的牙齿迅速刺破野马的皮肉，然后用尖尖的嘴吸血。无论野马做怎样的反抗，蹦跳、狂奔，都无法驱逐吸血蝙蝠。

吸血蝙蝠直到吸饱吸足后，才会满意地飞去。而野马却常常会在暴怒、狂奔、流血中无可奈何地死去。

动物学家们在分析这一问题的时候，一致认为吸血蝙蝠所吸的血量对野马来说是微不足道的，绝不会令野马因此丧命，而野马的死应归咎于它易怒的性格。

故事微语

俗话说："小不忍则乱大谋。"想要成就自己的事业，就得有足够的心胸和度量。生活中让我们烦恼的大部分都是琐事，而只要具有心平气和的心态，就可以活得更轻松。如果没有平和的心态，那么影响我们的生活和学习的事情将会越来越多。进而，便会影响到我们的身体健康，影响到我们日常的生活。

不管你现在正在遇到什么事情，让自己快乐的抑或是让自己不快乐的事情，都应该保持平和的心态。拥有了平和心态，你所拥有的快乐便会越多。

心灵箴言

心平气和，烦恼自然就少了。

——佚名

保持一种平和心境，你才会在欲望的丛林中忘乎所以。

——佚名

心安身自安，身安室自宽。心与身俱安，何事能相干。谁谓一身小，其安若泰山。谁谓一室小，宽如天地间。

——邵雍

坚定执著，成功就在不远处

故事话题

在迈克尔·乔丹上高中的时候，他的教练曾经这样对他说：“迈克尔·乔丹，你身高不够高，没有超过 180 厘米。所以即使你球打得再好，以后也不可能进入 NBA，我们决定不要你这个球员了。”乔丹当时想：“怎么可能？我未来要进北卡罗来纳大学，我怎么可能连高中的校队都进不去呢？”

于是迈克尔·乔丹便对他教练讲：“教练，我不上场打球，可是我愿意帮所有的球员拎行李。当他们下场的时候，我愿意帮他们擦汗。请你让我在这个球队，跟这些球员一起练球吧，因为这是我的梦想。”

教练发现迈克尔·乔丹的理想的确超过任何人，所以也就接受了他的请求。

有一天，早上 8 点钟，篮球场的管理员在整理球场的时候，发现有一个黑人正倒在地上睡觉。于是问道：“你叫什么名字？”这个黑人回答说：“我叫迈克尔·乔丹。实在是太累了！”

原来，迈克尔·乔丹早上要练球，中午要练球，下午要跟着球员一起练球，晚上还要练球，他比所有的人都勤奋、努力。之后，迈克尔·乔丹终于如愿以偿地进入北卡罗来纳大学。

后来当人们在谈及迈克尔·乔丹的成功时，他的父亲讲道：“乔丹全家人的身高没有一个人是超过 180 厘米的。迈克尔·乔丹想要成功的强烈愿望，使他长到了 198 厘米，足足长高了 20 厘米。”

故事解析

欲望是人类社会进步的推动力，更是一个人为梦想而学习的推动力，只要你付出足够的努力，所有的一切也就不再是问题，成功与否在很大程度上是在检测一个人对自己的梦想是否执著，执著是开启成功之门的钥匙，只要不放弃自己心中的梦想就更可能实现心中的梦想。

坚持是对自己潜力的挑战，我们在执著地坚持梦想的时候，挥洒的是自己的心血和汗水，必将会有所收获！

故事穿越

拜伦从小就是一个跛足的孩子，体质虚弱。他刚进小学的时候，经常受到同学们的欺侮。

有一次，拜伦在球场旁站着看别人打球。一个叫印斯的顽皮同学故意拉拜伦上场。虽然他一再推托，但是印斯仍然没有放过他，而且还找来了一个竹篮子，强迫拜伦将一只脚放进去，“穿”着这只竹篮一瘸一拐地绕场一周。在场的所有同学都笑得前仰后合。拜伦的内心痛苦极了。

事后，拜伦想了很久：印斯之所以会如此放肆地欺侮我，就是因为我软弱无力。我为什么不让自己强壮起来呢？从此，拜伦开始刻苦锻炼身体，每天都利用课余时间来打球、游泳、拳击、击剑等。不久，学校要举办运动会，拜伦报了拳击和游泳两个项目。

在拳击比赛中，拜伦恰好和印斯分在一组。笛声一响，两人开始激烈地争斗起来。

人们都认为拜伦注定要败在身强力壮的印斯手下。谁知，经过一番较量，印斯渐渐开始出现体力不支的情况，拜伦却毫无倦意，越打越猛。只听“噗”的一声，印斯被拜伦打翻在地。观众席上发出了一阵惊呼声。

拳击比赛刚刚结束，拜伦接着便参加了游泳比赛。他虽然脚跛，但已经十分强壮有力。最后，拜伦竟出人意料地夺得了全校游泳的冠军。

故事微语

人生的道路不可能总是一帆风顺的，也不可能一直会坑洼不平的，只要你的心里有一个自己的目标，并且坚持不懈地去追求它，不因为一次次的失败而放弃自己最初的目标，就可能会有实现的那一天。

同学们，让我们以坚持不懈的精神，勇敢追求自己的目标吧！相信付出总会有收获，成功就在不远处等待着我们。

心灵箴言

发明的秘诀在不断的努力。

——[英] 牛顿

坚持对于勇气，正如轮子对于杠杆，那是支点的永恒更新。

——[法] 雨果

聪明的资质、内在的干劲、勤奋的工作态度和坚韧不拔的精神，这些都是科学研究成功所需要的条件。

——[澳大利亚] 贝弗里奇

第二篇

情绪是把双刃剑：掌控好情绪方能掌控未来

好的情绪可以让我们取得事半功倍的效果，反之不好的情绪会让我们事倍功半，情绪就是这样一把双刃剑。只有掌控好自己的情绪才能掌控好自己的未来，那么需要怎样掌控好自己的情绪呢？

表情调节，微笑是最美的符号

故事话题

美国记者诺曼·卡曾斯因为器官结缔组织严重损伤，行动变得十分艰难。医生认为这是一种不治之症。卡曾斯在得知这一结论后，冷静地想：“悲观会导致生病，快活有益于治疗。”为了让自己变得开心起来，他想到了一个奇妙的自我治疗方法：让自己笑。

诺曼·卡曾斯向亲戚朋友们借来大量喜剧录像带，每天都要看一些来自我娱乐。他高兴地发现，10 分钟的大笑，竟然能缓解疼痛，这能使他安静地睡上两个小时。后来他索性看几小时的录像带就笑几小时，以“吃饭”“大笑”“睡觉”为主要内容来安排自己的日常生活。

10 年过去了，这位记者奇迹般地活过来了，而且身体越来越好。他采用的方法就是“大笑疗法”。笑是精神上的消毒剂，也被叫作精神消毒法。

故事解析

笑是人类独有的表情，是调节情绪的重要方法。“笑”可以使人心情舒畅，变得更加快乐，从而驱除疲劳、治病防病，并通过调节情绪，使人保持良好的心境。如果诺曼·卡曾斯不是用笑来驱病，而是陷入忧郁、绝望之中，那他身体的免疫功能就会被抑制，病情就可能遭到恶化。

皱起眉头，拉下嘴角，如果你现在做的是愁苦状，这时你能感到愉快吗？请再舒展眉头，翘嘴角，弯眼睛，做微笑状，你的感觉和刚才皱眉时的感觉一样吗？肯定不一样，前者体验到的是沉重，而后者体验到的是轻松。人的情绪会影响到表情，反过来，表情的改变也会使情绪发生相应的变化。这种有意识地以改变自己面部表情来调节情绪的方法，就被叫作表情调节法。

微笑，无疑是在寒冷时给他人送上的醇醇的热茶；微笑，犹如在酷暑给他人带来的一丝凉意；微笑，是能融化冰川的太阳；微笑，是沙漠之中的清泉。微笑是最美的符号！当别人给你一个微笑的时候，不妨也报之以微笑。

故事穿越

詹姆斯在一个世纪前曾经做过这样的预测：只要改变自己的面部表情几秒钟，你就能感受到自己情绪上的巨大变化，负面情绪也随之被驱散。

为了确保预测的真实性，许多科学家便着手进行了一些这类的实验。

受到摄影师通过让大家来说“茄子”而刺激微笑的启发，密歇根大学的研究者们让实验的参与者重复发出“子”这个声音，以此来在脸部形成微笑。与此同时，他们还让实验参与者发出“哟”的声音，以此来在脸部形成反感的表情。

华盛顿大学的心理学家们将两个高尔夫球的球座分别放在实验参与者的两道眉毛间，然后让两组实验参与者做一些面部动作。一组实验参与者需要通过挤眉头等方式让两个高尔夫球座相碰，如此便形成了一种不开心的面部表情。而另一组实验参与者为了确保两个高尔夫球座分开，便形成了一种更加中立的面部表情。

这类实验中最有名的应当属德国研究者们的实验了。德国研究者们告诉实验的参与者，他们正在研究一种对高位截瘫患者进行教育的新方式。实验参与者中，一组人员需要用牙齿保持一支笔水平固定，从而在面部形成了微笑的表情，另一组人员需要用嘴唇衔住笔，以保持面部形成皱眉的表情。

实验的参与者们中不断地发出“子”的声音、保持球座分离、用牙齿咬住笔的人顿时感到自己变得快乐起来。这么多的实验之后，研究人员证实了詹姆斯理论的正确性。表情果真能够影响情绪，人们可能会做到随心所欲地控制情绪，激发内心的正能量。

故事微语

笑，不仅是面部肌肉的运动，同时也是胸、腹部肌肉的运动。笑能够加强血液循环，促进新陈代谢，使身体各器官更好地发挥协调作用，使内分泌变得更加稳定。

俗话说："抬手不打笑脸人。"微笑可以让人变得更加宽容。当你在心情不好的时候，不妨用"笑"来调节一下自己的情绪。当你遭遇挫败的时候，别人的微笑，会让你重新肯定自己，微笑是最好的安慰。当你取得一定成就的时候，别人肯定的微笑会让你感受更加快乐。微笑能够赶走你心里的烦躁与不快。

心灵箴言

真正值钱的是不花一文钱的微笑。

——[美] 查尔斯·史考勃

不管怎样的事情，都请安静地愉快吧！这是人生。我们要依样地接受人生，勇敢地、大胆地，而且永远地微笑着。

——佚名

有一种东西，比我们的面貌更像我们，那便是我们的表情；还有另外一种东西，比表情更像我们，那便是我们的微笑。

——[法] 雨果

人际调节，有你便有温暖

故事话题

1962年，作家刘白羽由北京到上海治病。当时他的长子滨滨正患有风湿性心脏病，于是他便让滨滨一起到上海看病。遗憾的是，因为治疗效果不佳，滨滨的病情并没有好转，只好返回北京。

刘白羽万般无奈之下，只好让妻子带着病重的儿子回家。母子俩回北京的当天下午，刘白羽变得心神不定。

这时，巴金、萧珊夫妇来到了刘白羽的病房。两人进门后，默默地坐在了沙发上。其实他们非常了解滨滨的病情，也在为他担忧，害怕路上发生什么意外。病房里静悄悄的，巴金伸手握住了刘白羽微微发颤而又汗津津的手。萧珊则一边留意刘白羽的神情，一边望着桌上的电话。

电话突然响了，萧珊赶忙拿起话筒。当电话中传来母子二人已平安抵达北京的消息后，三个人长长地舒了口气，脸上都露出了笑容。

原来，巴金估计那天北京会来电话，如果有噩耗传来，担心刘白羽会承受不了，于是偕夫人萧珊专门来陪伴他。当两人起身告辞的时候，刘白羽执意要将他们送到医院门口。他紧握住巴金的手，一再表示感谢。巴金却摆了下手，淡淡地说，没什么，正好有时间，就来陪你坐一坐。

故事解析

朋友是一阵和煦的风，带来无限的温暖。朋友是伤痛时的安慰，是失败后的鼓舞，是春天里的一缕阳光，是夏日里的丝丝凉风，是秋天里的串串硕果，是冬日里的一把火……

无论你是在天涯，还是在海角，朋友都会时刻关注着你；无论是在昨天还是在今天，朋友都会祝福着你；无论你是失败还是成功，朋友都会在你的身边帮助着你。朋友的爱，无处不在。我们要学会感激和珍惜我们的朋友，因为有朋友的地方，就有温暖。

故事穿越

徐悲鸿和齐白石是中国画坛上的两位巨匠，同时他们之间的友谊，也成为一段佳话。

齐白石本是木匠出身，凭着自身的天赋和勤奋，在绘画上取得很高的造诣。但在当时以模仿古人为能事的国画界，齐白石的处境十分尴尬，只有徐悲鸿对他的画作表示赞叹。

徐悲鸿在1929年担任北平艺术学院院长后，便亲自登门拜访齐白石，并提出欲聘齐白石为北平艺术学院的教授，但连去两次均被齐白石婉言拒绝了。徐悲鸿没有灰心，又第三次登门邀请。齐白石因此被深深地感动了，道出了心中的顾虑：自己从没进过洋学堂，连小学都没有上过怎么能教大学呢？若遇上学生调皮捣蛋，自己这么大的年纪了，恐怕摔个跟头就爬不起来了。徐悲鸿便这样告诉齐白石：您无须讲课，只要在课堂上给学生们作画示范就行，并且自己一定会在旁边陪其上课。于是，齐白石才答应一试。

次日清晨，徐悲鸿亲自坐着马车来恭请齐白石，学生们则站在校门前以热烈的掌声迎接齐白石来校任教。课后，徐悲鸿又亲自将齐白石护送回家。临别时，齐白石激动地说："徐先生，你真好，我以后可以在大学教书了，我应当拜谢你。”说着便双膝下屈，欲对徐悲鸿行大礼。徐悲鸿慌忙扶住齐白石，热泪盈眶……两位画坛大师，于此开始了他们终生不渝的友谊。

当时的北平画坛观念特别落后，徐悲鸿想要革新中国画的主张遭到了保守派的激烈反对，就连聘齐白石为教授这件事情也遭到非议。这使得徐悲鸿深感孤掌难鸣，只好辞去院长职务，南下沪宁。临行时，徐悲鸿去辞行，齐白石当场画了幅《月下寻归图》相赠，并在画上题诗：“草庐三顾不容辞，何况雕虫老画师。海上清风明月满，杖藜扶梦访徐熙。”

徐悲鸿南下之后，和齐白石一直保持书信来往。当时，齐白石尚未正式出过画集，只是自费印了200本画册赠送亲友。为了扩大齐白石的艺术影响，徐悲鸿向中华书局做了推荐，并亲自写序言，终使齐白石的第一部画集正式出版。齐白石在收到自己的画集和稿酬时，感到特别地激动。齐白石又一次被徐悲鸿深深地感动了。

抗战时期因为战火纷飞，徐悲鸿与齐白石再也不能保持书信往来了。抗战胜利后，徐悲鸿急忙从重庆致信齐白石，很快便收到了齐白石的回信。齐白石在回信里这样写道：“生我者父母，知我者君也!”不久之后，徐悲鸿到北平去拜访齐白石，分别17年后，故友重逢，两人不禁悲喜交加。不久，徐悲鸿就任北平艺专校长，便立即聘请齐白石担任该校名誉教授，他们经常在一起作画、长谈，他们的友谊也更加深厚了。

后来，徐悲鸿和齐白石共同迎来了北平的解放，也迎来了他们晚年在艺术上大放异彩的春天。

故事微语

徐悲鸿和齐白石是画坛上耀眼的明珠，也是一对感情真挚的朋友。他们在一起作画、长谈，互相帮助，彼此尊重，既是事业上的好伙伴，也是心灵上的沟通者。

大千世界，能够成为朋友就是一种难得的缘分。朋友就像亲人一样关心我们、爱护我们、帮助我们，在乎我们。朋友是分享我们快乐和不快乐的人，有了他们的存在，我们的生活变得更加丰富多彩起来。

心灵箴言

有朋自远方来，不亦乐乎。

——孔子

朋友，可以把快乐加倍，把悲伤减半。

——[古罗马] 马库斯·图留斯·西塞罗

真正的友谊，是一株成长缓慢的植物。

——[美] 乔治·华盛顿

为了找到一个好朋友，走多远的路也没关系。

——[俄] 托尔斯泰

人的生活离不开友谊，但要得到真正的友谊才是不容易；友谊总需要忠诚去播种，用热情去灌溉，用原则去培养，用谅解去护理。

——[德] 马克思

环境调节，让自己变得更优秀

故事话题

唐朝的一个秋天，二十多岁的杜甫，到京城长安参加进士考试，结果榜上无名。

但是，这并没有使这位才华横溢的青年诗人消沉下来，反而更积极地投入到了对大自然的探寻之中，杜甫来到了山东一带继续他的旅游生活，他决心攀登向往已久的东岳泰山。

经过艰苦的登攀，杜甫终于爬到了泰山顶上，实现了“会当凌绝顶”的愿望。他站在日观峰头，昂首天外，纵目环视，顿时感觉心旷神怡。在这里，他真正体验到了“孔子登东山而小齐鲁，登泰山而小天下”这句名言的含义。

这次登泰山，使杜甫经历了一次前所未有的体力与意志的锻炼，而且大大加深了他对生活的体验，扩展了他的思想境界，给杜甫留下了不可泯灭的印象。

故事解析

杜甫在遭遇失败后，选择了换个环境来调整自己。实际上，他的选择是正确的，他不仅成功地改善了自己的心情，还让自己得到了更多的锻炼，加深了自己对生活的体验，扩展了自己的思想境界，从而让自己变得更优秀。

在遭遇失败的时候，不妨来换个环境，调整自己的心情。这样便可以尽快地将自己恢复到正常的状态之中，在经过一段时间的沉淀之后，自己也将会变得更加优秀。

故事穿越

露丝出生在一个小镇的普通家庭里，她从小就展现不了不凡的经商才能，她会在自己的业余时间帮助邻居给花园除杂草来赚取零花钱，也会自己喂养小兔子，然后到集市上卖掉……所以，她在12岁的时候，就赚够了1000美元。

可是，小镇上的商业气息并不浓厚，大家习惯了日出而作日入而息的生活，虽然这种生活不会给自己带来太多的压力，但是却无法满足让自己“大开眼界”的想法，在同家人商量过后，露丝在升入高中的时候，选择了一个商业气息浓郁的大城市。

露丝进入大城市后，在学好课本上的知识以外，积极去参加社会活动，甚至还通过一些途径认识了几位商界精英，在同他们的交往中，激发了露丝更多的经商思路，甚至让露丝的情绪变得越来越高涨，她每天哼着歌曲学习、参加活动……

大学毕业后，露丝便同几位同学合资开办了一家企业，现在事业做得顺风顺水，俨然成为了一名小企业家。

故事微语

环境对一个人会产生举足轻重的影响，并不是每个人对所有的环境都合适，就像鱼儿不能生活在陆地上，胡杨不能生长在大海里。有时候，换个环境或许可以让自己找到更适合自己的位置，让自己得到更好的发展。随之，自己的情绪也会为之而改变。

美丽的风景会让人感到心情愉悦，而肮脏的环境会让人感到烦躁不堪。当情绪不好的时候，我们可以选择一个环境优美的地方，在大自然的世界里，我们的心情也会得到更好的放松。这就是一种调节心情的好方法。

心灵箴言

树越挪越死，人越挪越活。

——谚语

能控制好自己情绪的人，比能拿下一座城池的将军更伟大。

——[法] 拿破仑

成功的秘诀就在于懂得怎样控制痛苦与快乐这股力量，而不为这股力量所反制。如果你能做到这点，就能掌握住自己的人生，反之，你的人生就无法掌握。

——[美] 安东尼·罗宾斯

认知调节，用另一角度看待问题

故事话题

捷洛克是一个很会治理国家的国王，他经常微服出巡了解民情。在他的治理下，他的国家渐渐变得繁荣昌盛起来。他有个很能干的丞相，每当有重大事件需要做决定的时候，他都会先请教这位丞相，听听他的真知灼见。

有一天，突然下起雨来，捷洛克外出的计划受阻。捷洛克便问他身边的丞相："这场大雨下得好不好？"

"好！大雨一过，街道干净清洁，空气清新。您可以享受雨过天晴的美妙景物，又可深入民间巡视民情。"

捷洛克听了很高兴。

又一次，捷洛克要外出巡视时，天气非常炎热，热得捷洛克汗流浃背，捷洛克便问丞相："这样的热天，出门好不好？"

丞相不假思索地说："好！您如果在这样的天气出巡，将会更加了解我国人民在这种天气下，到底在做什么。"

捷洛克觉得很有道理，便高兴地出门去了。

捷洛克与这个丞相有个共同的嗜好——打猎。捷洛克每次打猎的时候，都只允许这个丞相作陪。

有一次，捷洛克在检查猎器时，不小心被猎器斩断了一截拇指。他赶忙询问丞相："我的拇指被斩了一段，好不好？"

"好，捷洛克陛下。"

捷洛克听后，满腔怒气，认为丞相落井下石，便下令将丞相关了起来。

过了两天，捷洛克的"打猎欲望"发作，很想出去打猎，但又碍于面子，不想释放丞相，只好一个人单独去打猎了。

平时，丞相比较熟悉地理环境，因此，经常都凯旋而归。那天，捷洛克一个人单独打猎，突然，他不小心跌进一个捕捉猎物的陷阱。捷洛克几次想爬出洞口，但是都失败了。

过了一会儿，捷洛克听到一阵脚步声，“救命啊！”捷洛克大声呼救。

上面的人将捷洛克救了出来，不过，那些都是邻国食人族的土人。

当晚，食人族上下围着捷洛克歌舞。捷洛克被绑在一根十字架上，脚下堆积着一堆木柴，土人准备点火，吃掉捷洛克。仪式开始了，酋长指示众人坐下。不久一名巫师便开始祭礼。他把清水喷在捷洛克身上，然后逐步检查他身体的各个部位。当检查到手时，低声感叹，不断地摇头叹息。

巫师向酋长说：“我们族人只吃完整的动物。这种动物是不祥物，因为他的拇指断了，我们不可以吃他！”

酋长只好下令放走捷洛克。

捷洛克劫后余生，非常激动，马上赶回国都的牢房去拜见丞相。当他见到丞相时，抱着他哭了起来。

“现在我才知道为什么你说我的断指是件好事，它救了我一命。我错怪你了！”

过后，捷洛克又对丞相说：“我将你关在牢里这么久，好不好？”

“好，很好！”

“为什么？”捷洛克不明白。

“陛下如果您不抓我进牢房，我一定会随从您去打猎。我们都会被食人族抓取。您可以因为断指而保全性命，但我必死无疑，因为我很完整啊！”

捷洛克茅塞顿开：每件事都有其两面性，是好，是坏，都在于你自己。

故事解析

一样的人生，不从一个角度看待问题，所产生的想法也会截然不同。我们要学会以乐观、豁达的心态来认识自己，不苛求自己，更重要的是超越自己，突破自己。

当你能够做到换个角度看待问题的时候，你就会认识到生活的苦、累或开心、舒坦，取决于人的一种心境。换个角度看待问题，你就会从容坦然地面对生活。当困难、挫折向你袭来的时候，不妨跳出来，换个角度看问题，学会坚强勇敢地面对它们。换个角度看问题，自己的心灵将会变得更加豁亮，人生将变得更加幸福。

故事穿越

有位老太太生养了两个女儿，大女儿嫁给了一个卖伞的生意人，二女儿在染坊工作。这让这位母亲天天发愁。天晴了，她会担心大女儿的伞卖不出去；天阴了，她又担心二女儿染坊里的衣服晾不干。

她这样晴天也发愁阴天也发愁，不多久之后，老太太的身体就吃不消了。一天，一位远方亲友来看她，问其身体迅速变差的缘由之后，笑着说："在阴天，您的大女儿的伞好卖，你应该为此高兴；在晴天，你的二女儿染坊生意好也该高兴才是。这样你每天都有开心的事情了，你为什么不挑开心的事情想，总想些不开心的事情呢？"老太太换个角度想："言之有理！"从此，她笑口常开，身体也越来越好了。

故事微语

老太太换个角度来看待两个孩子所面对的问题，心情便豁然开朗起来。我们的人生道路上不是也有很多这样的情况吗？每种情况的出现总会有好的一面，只要我们多想一下好的方面，心情自然也会变得好起来。

换个角度看问题，是一种突破、一种解脱、一种超越、一种高层次的淡泊宁静。当挫折和困难出现的时候，不妨换个角度来看待。换个角度看待问题，便会产生另一种哲学，另一种处世观。

心灵箴言

横看成岭侧成峰，远近高低各不同。

——苏轼

上帝为你关上一扇门，同时也给你打开了一扇窗。

——谚语

如果说我比别人看得更远些，那是因为我站在了巨人的肩上。

——[英] 牛顿

暂时逃避，摆脱心理困境

故事话题

卡吉尔是个很用心读书的男孩子，但是让人失望的是这次考试，他没有取得好成绩，甚至差点拖了班级的后腿，他因此十分生气。

回到家后，卡吉尔“哐”的一声把门摔了一下，母亲看到后，并没有指责他，而是柔声地说：“孩子，无论之前发生了什么事情，现在让自己冷静 10 分钟。”10 分钟后，卡吉尔的情绪稳定了下来，此时，母亲才详细地询问了卡吉尔情绪激动的原因。然后帮助卡吉尔找出了考试失利的症结。

此时的卡吉尔又羞愧，又后悔，但是母亲依然选择了谅解他：“我理解你刚才的愤怒，不过，下次你要在发怒之前，让自己冷静一会儿。”

故事解析

很多人都会有这样的经历，当你痛苦不堪的时候，只要能做到集中精力去做一件有意义的事，情绪很快就可以平静下来。

一个人如果要摆脱心理困境，最容易采取的便是回避法——努力忘掉那些不愉快的经历，避开那些导致心理困境的外部刺激，转移注意力。

在心理困境中，人的大脑往往形成一个兴奋中心，回避相关的外部刺激。兴奋中心转移了，心理困境也就摆脱了。

故事穿越

基斯和迪卡儿是好朋友，他们从小就是邻居，感情也十分好，但这并不能保证他们不会发生矛盾和误会。

一次，基斯到迪卡儿家做客，恰好迪卡儿在做饭，就提出让基斯稍等一会儿，待会儿一起吃饭。于是基斯就在客厅等迪卡儿，时间过去了好久，还不见迪卡儿出来，于是基斯就到厨房去找他，恰好看到他在大口地吃一块三明治，这让吉斯非常生气，他大声指责迪卡儿为什么不叫他一起吃。迪卡儿因为嘴里塞满了三明治，一时也讲不出话来，看起来他也非常生气，于是基斯跑回了自己家，并发誓再也不同迪卡儿来往了。

迪卡儿知道此时自己说任何话都无法阻止基斯的愤怒，于是他选择了暂时逃避。

第二天，迪卡儿亲自登门赔礼道歉，并讲明了原因。原来，迪卡儿刚做好三明治后，不小心将它掉在了地上，又不好将已经脏掉的食物给基斯吃，也不舍得浪费，于是自己便把它吃了。

两个朋友重归于好。基斯责怪迪卡儿没有尽早讲明原因，迪卡儿才说："在昨天那种情况下，只有让我们暂时逃避这件事情，彼此冷静下来，才能圆满地解释这件事情，否则在当时的情况下，我急于辩解的话，或许会加深我们之间的矛盾。"基斯听后非常感动，也庆幸自己有这么个好朋友。

故事微语

基斯和迪卡儿在遇到矛盾的时候，没有选择当时就争执起来，而是选择事后沟通，他们的暂时逃避，保障了他们的友情的继续。因为在愤怒的时候一般会做出一些过激的行为，对友情会造成更大的伤害。

如果有些引起情绪的问题我们既不能改变自己的观点又不能立时解决，就可以选择逃避问题，先暂时避开问题，不去想它，待情绪稳定时，再去解决问题，而且有时候问题的解决方案会在从事其他事情时不经意间想出来。

心灵箴言

一个人如果能够控制自己的激情、烦恼和恐惧，那他就胜过国王。

——[英] 约翰·米尔顿

成功的秘诀就在于懂得怎样控制痛苦与快乐这股力量，而不为这股力量所反制。如果你能做到这点，就能掌握住自己的人生，反之，你的人生就无法掌握。

——[美] 安东尼·罗宾斯

在成功的路上，最大的敌人其实并不是缺少机会，或是资历浅薄，成功的最大敌人是缺乏对自己情绪的控制。愤怒时，不能制怒，使周围的合作者望而却步，消沉时，放纵自己的萎靡，把许多稍纵即逝的机会白白浪费。

——佚名

第三篇

把握人生方向：预见未来的自己

每个人都有自己的命运，但是每个人的命运都掌握在自己的手中，只有自己能够决定自己的未来。如果你也期待能够实现自己心中的梦想，那就要学会自知自省、持之以恒、奋斗不息。做好规划和注重细节，如此一来，相信成功便会在不远处向我们招手！

自知自省，人贵有自知之明

故事话题

古时候，楚庄王想去讨伐越国，一位名叫杜子的人劝阻他说："大王要攻打越国，为的是什么？"

楚庄王说："因为越国现在政治混乱，兵力疲弱！"

杜子接着说："一个人的智慧就好比人的眼睛，能够看清楚很远的地方，却始终无法看见自己的眼睫毛。大王的军队自从被秦国打败，已经丧失了许多的国土，这是国家的兵力疲弱；有人在国内造反，官吏却无法平息，这是政治混乱。目前，楚国兵弱政乱的情况与越国不相上下，而您还要出兵攻打它，这难道不是看不到自己的弱点？"

于是，楚庄王便取消了攻打越国的计划。

故事解析

人有了自知之明，才能活出自我的最高境界。一个有自知之明的人，知道如何经营自己的长处，活出真实的自我。《孙子兵法》中有：“知己知彼，百战不殆”的说法，意思就是指挥员对敌我双方的情况了解清楚以后，才能够指挥若定，百战百胜。

自知之明出自《老子》：“知人者智，自知者明。”一个敢于解剖自己的人，往往是有自知之明的。能清醒地认识自己是最明智的，也是最难能可贵的。

人贵有自知之明，人生如秤：对自己的评价轻了容易自卑；重了又容易自大；只有秤称准了，才能恰如其分地感知自我，完善自我。

故事穿越

清乾隆时，有人对乾隆帝说，顺天府乡试贡院大殿匾额上的3个大字“至公堂”是严嵩所书。顺天府乡试这样一个为国家选拔才俊之所，竟然悬挂的是大明奸臣的手笔，一来显得我大清无人，二来也不利于树立以德治国的导向。乾隆觉得很有道理，便下令满朝能书者写这3个大字，选出最好的以代替之。

除了让别人书写“至公堂”，乾隆帝自己也提起笔来。他素来喜欢舞文弄墨，每到一地、每经一事都要吟诗作赋，挥笔题字也是轻而易举的事情。乾隆帝的书法师法颜真卿、柳公权、赵子昂、董其昌等，书法风格雄浑、厚重，充满阳刚大气，在今天看来，也是难得的上品之作。

等收集完满朝文臣所书的作品，再加之自己的御笔，经认真比对之后，发现这么多作品中，竟没有任何一件可与严嵩所书的那3个字相比。乾隆帝长叹一声，下令将所有作品尽毁，仍然让严嵩的字高高悬挂。

乾隆帝在面对奸臣严嵩的题字时，他、竟然能就书法论书法，没有因人废字，又表现得十分清醒，这份自知之明，就是他能开创盛世帝国的最好注解。

故事微语

古人云："吾日三省吾身。"意思是，自知之明来源于自我修养和自我慎独。因为自省才能自律，自律才能自重，自重才能自信。在人生道路上，如果能够做到自勉自励，量力而行，及时把握机遇，就能创造辉煌。

自知之明关键在"明"字，对自己明察秋毫，遇事能审时度势，善于趋利避害，人生道路也会更顺畅。

从另一层面上讲，自知无知才能求知。自知度愈高，求知欲愈强。学，然后知不足；知，然后更求知。掌握的东西越多，越会感到自己学识的短浅。因此，自知之明是求知的动力。

心灵箴言

知人既以为难，自知诚亦不易。

——吴兢

不失其所者久，死而不亡者寿。

——老子

知人者智，自知者明。胜人者有力，自胜者强。

——《老子》

蛲蛲者易折，佼佼者易污，阳春白雪，和者盖寡。盛名之下，其实难副。

——李固

持之以恒，品味坚持的力量

故事话题

乐羊子在路上拾到一块金子，回家将金子交给了妻子。

妻子对他说："我听说有志气的人不饮'盗泉'之水，不受嗟来之食，何况拾取别人丢失的东西谋求私利而玷污自己的品德呢？"

乐羊子感到很惭愧，将金子扔到野外后，到很远的地方求师学道去了。

一年之后，乐羊子回来了。妻子问他回来的缘故。乐羊子回答说："只是出门久了，想家，没别的事情。"

乐羊子的妻子拿刀走到织机面前说："这绸布是蚕儿吐出来的丝，经过织布机一根丝一根丝地积累起来，才积到一寸那么长，又一寸一寸不停地积累，才能成丈成匹。现在如果割断这块绸布，那就会半途而废，白白浪费时间。你出外求学，半路上就回来了，那和割断这绸布有什么两样？"

乐羊子被妻子的话感动了，立即回去修完了学业。

故事解析

纵观古今中外，凡能成大事者，无一不是历尽艰辛，凭着持之以恒的精神，才能为人类作出不朽的贡献。生活是公平的，无论是谁，只要能牢牢地抓住“坚持”这把钥匙，灿烂的成功之花就会向你开放。一旦你放弃了坚持，就算胜利女神近在咫尺，她也会悄然离开。

马云曾经说过：“我不知道什么叫成功，我只知道只要你放弃了，你就失败了。”同学们，让我们脚踏实地地做好每一件事，持之以恒朝着自己制定的目标前进吧，成功终将会属于我们。

故事穿越

李白小的时候非常贪玩，读书并不用心。有一天，他逃学到野外游玩，见到河边有位白发老婆婆，手里拿着一根大铁棒，在石头上用力地磨着。李白奇怪地上前问道："老婆婆，您这是在干什么呀？"

老婆婆边磨铁棒，边回答说："我想把它磨成一根绣花针。"

李白被老婆婆的行为感动了，向她深深地行了一个礼，回家发奋读书去了，最终成为了一代文豪。

王献之也是一个因为持之以恒而成为一代大家的人。

王献之在8岁的时候就跟父亲王羲之学习书法，他聪明好学，每天都要伏案练字。可是，时间长了之后，王献之有点儿沉不住气了，便问父亲学书法有什么秘诀。

王羲之指着家里的7口大水缸，对王献之说："秘诀就在这18口缸里，你把这18口缸里的水写完了，自然就知道其中的秘诀了。"

王献之从此苦练基本功，终于写完了18口大缸里的水，成为与父亲齐名的大书法家。

故事微语

为成功而拼搏，就像奔向一个遥远的目标前行，道路是崎岖而漫长的，路上也暗藏着各种险阻。一些人退却了，只得半途而废；一些人气馁了，只得前功尽弃。只有持之以恒的人才会一直迈着坚定不移的步伐前进，也终于能品尝到成功的喜悦。

多少次的失败是因为缺乏持之以恒的精神，多少个遗憾是因为半途而废。千百次的考验后，是持之以恒将我们引向了胜利；而不坚持的结果，必然也是失败。骐骥一跃，不能十步；驽马十驾，功在不舍。遥远的征程中，必须以锲而不舍的精神，付出“十驾”的努力，方能获得成功。

心灵箴言

精诚所至，金石为开。

——蔡锷

点点滴滴地藏，集成了一大仓。

——德国谚语

只要持之以恒，知识丰富了，终能发现其奥秘。

——杨振宁

一个人只要强烈地坚持不懈地追求，他就能达到目的。

——[法] 司汤达

涓滴之水终可以磨损大石，不是由于它力量强大，而是由于昼夜不舍的滴坠。

——[德] 贝多芬

奋斗不息，为梦想而战斗

故事话题

童第周出生在浙江省的一个小山村里。因为家境贫困，小时候一直跟从父亲学习知识，直到 17 岁才迈入学校的大门。

读中学时，因为童第周的基础差，学习十分吃力，第一学期末的平均成绩才 45 分。学校令其退学或留级。在童第周的再三恳求下，校方终于同意他跟班试读一学期。

此后，童第周就与“路灯”常相伴：天蒙蒙亮，童第周在路灯下读书；晚上熄灯后，童第周在路灯下自修。功夫不负有心人，期末，童第周的平均成绩达到 70 多分，几何还得了 100 分。这件事让童第周明白了一个道理：别人能办到的事，我经过努力也能办到，世上没有天才，天才是用劳动换来的。之后，这也就成了童第周的座右铭。

大学毕业后童第周去比利时留学。在国外学习期间，童第周刻苦钻研，勤奋好学，得到了老师的好评。获博士学位后，童第周回到了祖国，在极为困难的条件下进行科学研究工作。

新中国成立以后，童第周在担任山东大学副校长的同时，还研究了文昌鱼鱼卵的发育规律，取得了很大成绩。

故事解析

奋斗装扮了人生当中最美丽最珍贵的季节——青春。“恰同学少年，风华正茂，书生意气，挥斥方遒。”昭示了毛泽东奋斗的青春。他的青春因充满奋斗而洋溢着美好。而今，青春正我在我们手中，我们不能容忍时间白白流逝，不能在叹息中虚度光阴！让青春之花永远绽放在我们心中吧！

青春在奋斗中展现美丽，就像雄鹰的美丽是展现在它搏风击雨中。血气方刚的我们，何不扬起奋斗的帆，在波涛汹涌的大海中不断前行呢？

故事穿越

1910 年，华罗庚出生在了一个小县城——金坛。他小时候，家中清贫，一家人过着半饥不饱的生活。华罗庚在上初中的时候，对数学产生了浓厚的兴趣，他的老师王维克很器重他，常常对他进行单独辅导，给他出一些难题做，这让少年华罗庚得益匪浅。

华罗庚在念完初中后，因家里无力再供他上学，只得辍学在家。可这位酷爱数学的年轻人，心里经常琢磨的还是数学。王维克老师借给了华罗庚几本数学教材：一本大代数，一本解析几何，一本微积分。从此之后，华罗庚便跟着这几位不会说话的老师步入了高等数学的大门。

华罗庚 18 岁那年，在王维克老师的帮助下，在金坛中学当了一名会计，顺便兼管学校事务。

华罗庚曾回忆那段艰难的生活：“除了学校里繁重的事务外，早晚还要帮助料理小店的事务。每天晚上大约 8 点钟才能回家。清理好小店的账目之后，才能钻研数学，常常到深夜。”

不久之后，金坛县流行伤寒，华罗庚不幸染病，卧床半年。后来病好了，左脚却弯曲变形，落了个跛足的终身残疾。

华罗庚在困苦之中刻苦自学，不但读了许多书，而且还勤于思考，敢于向权威挑战。

19 岁那年，华罗庚发觉一位大学教授的论文写错了。便将自己的看法写成一篇文章，题目叫《苏家驹之代数的五次方程式解不能成立之理由》，于次年发表在了上海的《科学》杂志上。随后，华罗庚又以“金坛人”为笔名发表了几篇数学论文。

这个“金坛人”引起了清华大学数学系主任熊庆来教授的注意。当他打听到这个数学奇才竟然只读过初中的时候，深为震惊，便写信邀华罗庚到清华大学数学系当管理员。到清华后，华罗庚又自学了英语、德语。

24 岁的时候，华罗庚已经能用英文写数学论文了。25 岁的时候，华罗庚的论文已引起国外数学界的注意。28 岁的时候，华罗庚当上了西南联大教授。后来，华罗庚又被熊庆来教授推荐到英国剑桥大学去深造。

华罗庚成功了！他成为了世界著名的数学大师，国外数学界对他做了这样的评价：“华罗庚教授的研究著作范围之广，足可使他堪称为世界上名列前茅的数学家之一”。40 年代后期，华罗庚成为美国伊利诺伊大学的教授。华罗庚在那里获得了优异的生活和科研环境。大学还给他配备了 4 个助手、1 个打字员。但是，当新中国成立后，华罗庚却毅然踏上了返回祖国的旅程。

华罗庚说：“为了抉择真理，我应当回去！为了国家民族，我应当回去！为了为人民服务，我应当回去！”

1950 年的一天，华罗庚在填写户口簿时，在“文化程度”一栏里写了“初中毕业”4 个字。这虽然让许多人惊讶不已，却是事实：他的确只有一张初中毕业证书。这位数学大师的知识，几乎都是通过自学获得的！

1983 年 10 月，华罗庚接受了美国科学院外籍院士的荣誉称号。这是美国科学院 120 年历史上首次把这个荣誉称号授予一位中国科学家。美国科学院院长如此评价华罗庚：“他是一个自学出身的人，但他教育了千百万的人们。”

故事微语

奋斗抒写无悔的青春。青春无悔该是我们每个人的追求，我们只有把握好每一天，不断拼搏，才可以骄傲地说："我的青春是无悔的！"

雷锋说："青春啊，永远是美好的，可是真正的青春只属于那些永远力争上游的人，永远忘我劳动的人，永远谦虚的人！"唯有奋斗，为自己的梦想不断前行，朝着自己的目标不断迈进，才能拥有一个真正无悔的青春。青春的世界里，让我们像江河一样，向着大海不断奔流吧！在漫漫的人生道路上，谱写青春的音符，留下奋斗的足迹。

用我们的奋斗扬起青春的船帆，当我们努力拼搏的时候，成功的大门也将会为我们打开。

心灵箴言

停止奋斗，生命也就停止了。

——[英] 卡莱尔

当时间的主人，命运的主宰，灵魂的舵手。

——[美] 罗斯福

做了好事受到指责而仍坚持下去，这才是奋斗者的本色。

——[法] 巴尔扎克

做好规划，确立人生目标

故事话题

杨澜的人生充满了传奇色彩。从著名节目主持人到制片人，从传媒界到商界，她一次次成功实现了自己人生的转型。杨澜曾经说过：“一次幸运并不可能带给一个人一辈子好运，人生还需要你自己来规划。”

在成为央视节目主持人以前，杨澜是北京外国语学院的一名学生，她说：“我经常觉得自己不是一个有才华和极端聪明的人。”但是，勤勉努力的她，不仅大胆直率，看问题也通常有自己独特的视角。

1990年2月，《正大综艺》节目在全国范围内招聘主持人。杨澜以她的才气逐渐脱颖而出。但是，由于她长得不是太漂亮，所以只处于“被考虑范围之列”。杨澜知道后，就反问导演：“为什么非得只找一个女主持人，是不是一出场就是给男主持人做陪衬的？其实女性也可以很有头脑，所以如果能够有这个机会的话，自己就希望做一个聪明的主持人。”“我不是很漂亮，但我很有气质。”就是因为杨澜的这些话，彻底打动了导演。毕业后，杨澜正式成为《正大综艺》的节目主持人。

进入央视后，杨澜靠着自身的实力，获得了“十佳”电视节目主持人、金话筒奖等荣誉。四年央视主持人的职业生涯，不仅开阔了杨澜的眼界，更确立了她未来的发展方向：做一名真正的传媒人。

1994年，杨澜又做出了一个令人惊讶的决定：辞去央视的工作，去美国留学。在事业最巅峰的时候选择急流勇退，就意味着她要放弃目前所拥有的一切和触手可得的美好未来。

26岁的时候，杨澜远赴美国哥伦比亚大学。在异国他乡的生活，比想象中的还要艰苦。杨澜说：“有些人遇到的苦难可能比别人多一点儿，但我遇到的困难并不比别人少，因为没有一件事是轻而易举的，需要经历的磨难委屈，一样儿也少不了。”

虽然如此，但这段生活给杨澜带来更多的还是收获。她的视野开阔了许多，更亲身接触到了许多成功的传媒人和先进的传媒理念。

业余时间，杨澜与上海东方电视台联合制作了《杨澜视线》，这是她第一次以独立的眼光看世界。她也借此实现了从一个娱乐节目主持人向复合型传媒人才的过渡。

1997年回国后，凤凰卫视中文台刚刚成立，杨澜便加盟其中。1998年1月，《杨澜工作室》正式开播。

在随后的两年时间里，杨澜采访了120多位名人，通过与他们的交流，也让杨澜的信息量获得极大的丰富。

1999年10月，杨澜辞去了凤凰卫视的工作。次年3月，杨澜突然收购了良记集团，更名为阳光文化网络电视控股有限公司，成功地借壳上市，准备打造一个传媒帝国。

但正所谓“万变不离其宗”。无论如何转变，杨澜始终将自己定位为“传媒人”，聪慧的她没有偏离做媒体这个大方向。而她的变化就在于她一直在提高自己制定的目标层次。

杨澜在她的《凭海临风》一书中，曾写到了乘坐热气球的魅力：有控制的可能性，又保留了不确定性，所以比任何精确设定的飞行都来得刺激。“其实人生的乐趣也是如此，全在这定与不定之间。”

故事解析

人生好比是一次航行。面对无边无际的大海，如果我们想拥有精彩的旅行，那就需要精心设计航程。没有规划的人生，就好比漫无目的的航行。只有经过精心准备的航行才会让我们感到惬意，也只有经过科学规划的人生才会变得更加精彩。

科学的人生规划能指引我们的人生道路。在社会这个大舞台上扮演何种角色、过怎样的生活，都应该由我们自己来把握，每个人都应该是自己人生之路的规划者。

佛洛伊德曾经说过：“人生就像弈棋，一步失误，全盘皆输，这是令人悲哀之事；而且人生还不如弈棋，不可能再来一局，也不可能悔棋。”在人生的道路上，我们不仅要清楚自己目前的处境，还要正确选择下一步所要迈出的方向。这就要求我们客观公正地评价自己。只有这样我们才能正确地进行人生规划，也只有这样，我们才不会迷失自我。

故事穿越

哈佛大学曾做过一个实验。有一年他们对即将毕业的一批学生进行了一次关于人生目标的调查，这群学生的智力、学历、所处环境条件都相差无几。结果显示：3%的人，有清晰而长远的目标；10%的人，有清晰但比较短期的目标；60%的人，目标模糊；27%的人，没有目标。

25 年后，哈佛对这批学生进行了跟踪调查。结果显示：3%的有目标人，他们几乎都成为社会各界的成功之士，其中不乏行业领袖、社会精英；10%的有短期清晰目标的人，他们的目标不断被实现，成为了各个领域中的专业人士，大都生活在社会的中上层；60%的目标模糊的人，他们安逸地生活与工作着，大都生活在社会的中下层；剩下的 27%的没目标的人，他们不仅过得很不如意，并且常常在埋怨他人、抱怨社会、抱怨这个世界。

故事微语

没有规划就没有前进的方向；没有坚定的方向，就没有生活。志不立，天下则无可成之事。

一个人若想取得成功，首先必须给自己的人生做好规划。只有给自己的人生做好规划之后，然后再持之以恒地付出努力，朝着自己的理想迈进，才会有实现理想的那一天。如果一个人连自己的人生都没有任何规划，那么他所做的判断，或者走的人生道路更可能是盲目的，获得成功也将会变得异常艰难。

心灵箴言

一个崇高的目标，只要不渝地追求，就会成为壮举。

——[英] 华兹华斯

在一个崇高的目标支持下，不停地工作，即使慢，也一定会获得成功。

——[德] 爱因斯坦

要达成伟大的成就，最重要的秘诀在于确定你的目标，然后开始干，采取行动，朝着目标前进。

——[美] 博恩·崔西

要有生活目标，一辈子的目标，一段时期的目标，一个阶段的目标，一年的目标，一个月的目标，一个星期的目标，一天的目标，一个小时的目标，一分钟的目标。

——[俄] 托尔斯泰

注重细节，从细微处入手

故事话题

有一次，在一个会计招聘会上，爱丽丝仅用一元钱就打开了录取的大门。

当考官在面试完爱丽丝之后，随口说了一句："如你被录取了，我们会打个电话给你的。"话音刚落，就听到爱丽丝用清脆的声音说："请你无论如何，打个电话来，即使我失败了。"说完便递过去一元钱。

考官充满好奇地问："你为什么要这么做？"

"因为如果我被录取了，这打电话的钱不应该由公司出；如果我没被录取，这打电话的钱更不应该由公司出了。"

考官告诉爱丽丝："你已经被录取了。"

此后，爱丽丝在自己的岗位上做得很出色。

还有一个关于在应聘上靠细节取胜的故事。

有个公司招聘员工，面试官坐在办公室里面试，墙角散落了几张废纸。众多通过笔试的应聘者都踌躇满志，按序前来应试，却都失意而出。这时候有一个面试者获得了录用，成为了幸运者。这个面试者之所以会脱颖而出，是因为他随手将废纸捡起来，并扔进了竹篓，也就是这个细节打动了面试官。

故事解析

从“打电话”这个细小的环节中可以看出，爱丽丝是一个积极进取的人。因此，她也就用这个细节，打动了考官，自己也因此获得了成功。

职场上有句名言：“细节决定成败。”对于面试官而言，当应聘者技能相当时，择人的天平必然倾向注重细节者。因为注重细节者往往在扑朔迷离的商战中赢得先机。

“合抱之木，生于毫末；九层之台，起于累土；千里之行，始于足下。”任何一次成功都离不开细节。一根链条，最脆弱的一环决定了它的强度；一只木桶，最低的地方决定了它的容量。

故事穿越

一个老师给学生们讲了一个故事：

德国有一家服装厂，所生产的手套都在附近的城市销售，销量一直平稳。

有一年，这家服装厂的老板得知不远的地方新建了一家专门生产手套的小厂，因为这个小厂业务量不大，对他们似乎也造不成什么影响，就不太在意。

但是，一年后，这家服装厂的老板发现：自己工厂所生产的手套在市场上不吃香了，而那个小厂生产的手套几乎占领了全部的市场份额……

老师问：“你们猜猜，这是什么原因造成的呢？”同学们七嘴八舌地列举了许多理由，老师对同学们的部分答案表示肯定，但依然鼓励大家继续猜。

10分钟后，教室里面没有任何声音了。老师神秘地笑了，说：“手套里有一个微小的数字，决定了它是否更讨人喜欢……”

原来，新建的那家小厂生产的手套，即使同一双，大小也有所区别：因为大多数人是右撇子，右手通常比左手大4%。所以，这种大小不一的手套，戴起来会更舒服！

老师继续对同学们说：“这个4%的区别，使小厂获得了几乎全部的手套市场份额——听起来是不是很有意思？记住，以后要注重细节，它们有时能决定事情的成败！”

故事微语

一些看似平常、很不起眼的小事，往往能决定事情的成败。俗话说：“祸患常积于忽微，而智勇常困于所溺。”“泰山不拒细壤，故能成其高；江河不择细流，故能就其深。”细节决定成败。我们唯有脚踏实地，从小事做起，注重细节，方能成功。

老子曾经说过：“天下难事，必成于易；天下大事，必做于细。”让我们用细节做基石，来铺设自己坚实的人生之路吧！

心灵箴言

致广大而尽精微。

——《中庸》

大礼不辞小让，细节决定成败。

——汪中求

小事成就大事，细节成就完美。

——戴维·帕卡德

祸患常积于忽微，智勇多困于所溺。

——欧阳修

天下难事，必做于易；天下大事，必做于细。

——老子

第四篇

养成良好的习惯：让自己变得更完美

良好的习惯对一个人会产生巨大的影响，可以让一个人变得更完美，更受大家的欢迎和爱戴，那么良好的习惯主要有哪些呢？勤俭节约、珍惜时间、诚实可信、积极乐观以及感恩，这些都是良好的习惯。同学们，你们养成这些习惯了吗？

勤俭节约，一粥一饭当思来之不易

故事话题

很久以前，在中原的伏牛山下，住着一个叫吴成的农民，他一生勤俭持家，日子过得十分美满。

吴成在临终前，曾把一块写有“勤俭”的横匾交给了两个儿子，并告诫他们说：“你们要想一辈子不受饥挨饿，就一定要照这两个字去做。”后来，兄弟俩分家了，将匾一锯两半，老大得了一个“勤”字，老二得一个“俭”字。

老大把“勤”字高悬家中，每天“日出而作，日落而息”。然而他的妻子却花钱如流水，孩子们常常将馒头吃两口就扔掉，久而久之，家里就没有一点余粮了。

老二把“俭”字当作“神谕”供放中堂，却把“勤”字忘到九霄云外。他疏于农事，又不肯精耕细作，所以每年收获的粮食特别少。一家人竟然也经常会饿肚子。

这一年遇上大旱，老大、老二家中都早没有任何余粮。他俩在愤怒之下扯下字匾，将“勤”“俭”二字踩碎在地。

这时候，突然有纸条从窗外飞了进来，兄弟俩连忙打开一看，上面写道：“只勤不俭，好比端个没底的碗，总也盛不满！”“只俭不勤，坐吃山空，一定会挨饿受穷！”兄弟俩恍然大悟，“勤”“俭”两字原来就不能分家，缺一不可。

吸取教训以后，他俩将“勤俭”二字当作了家训，提醒自己，告诫妻室儿女，身体力行，此后日子竟也过得好了起来。

故事解析

勤俭节约是一种美德，是我们在生活中应该遵守的原则。我们要认识到节约资源的重要性，从小事做起，从点滴做起，自觉节约一滴水、节约一粒米，“滴水汇成河，粒米攒成筐。”“勤俭永不穷，坐食山也空。”

我们在平时生活中，要让勤俭节约成为一种精神，“一粥一饭当思来之不易。”“锄禾日当午，汗滴禾下土。”每一粒粮食都是用汗水浇灌的，我们在勤俭节约的同时，也是在尊重大家的劳动。

故事穿越

季文子是春秋时代鲁国的贵族、著名的外交家，为官30多年。他一生俭朴，以节俭为立身的根本。他穿衣只求朴素整洁，除了朝服以外竟也找不出几件像样的衣服，每次外出，所乘坐的车马也极其简陋。

见季文子如此节俭，有个叫仲孙它的人就劝他说：“您身为上卿，德高望重，但听说你在家里不准妻妾穿丝绸衣服，也不用粮食喂马。您自己也不注重容貌服饰，这样不是显得太寒酸，让别国的人笑话您吗？这样做也有损于我们国家的体面，人家会说鲁国的上卿过的是一种什么样的日子啊。您为什么不改变一下这种生活方式呢？这于己于国都有好处，何乐而不为呢？”

季文子听后笑了笑，对那人严肃地说：“我也希望把家里布置得豪华典雅，但是看看我们国家的百姓，还有许多人吃着粗糙得难以下咽的食物，穿着破旧不堪的衣服，还有人正在受冻挨饿；想到这些，我怎能忍心去为自己添置家产呢？如果平民百姓都粗茶敝衣，而我则装扮妻妾，精养粮马，这哪里还有为官的良心！况且，我听说一个国家的国强与光荣，只能通过臣民的高洁品行表现出来，并不是以他们拥有美艳的妻妾和良骥骏马来评定的。既如此，我又怎能接受你的建议呢？”

季文子的一番话说得仲孙它满脸羞愧，同时也使得他对季文子更加敬重。此后，仲孙它也效仿季文子，十分注重生活的简朴，家里的马匹也只是用谷糠、杂草来喂养。

故事微语

小到一个人、一个家庭，大到一个社会、一个国家，都离不开勤俭节约。自古以来就有“成由节俭败由奢”的说法。李商隐在“廉政诗歌”《咏史》中写道：“历览前贤国与家，成由勤俭破由奢。”告诫大家远离奢侈，勤劳朴素，家运国运将永久兴旺。

诸葛亮曾经说过：“静以修身，俭以养德。”勤俭节约是中华民族的传统美德，它的意义重大而深远，值得我们深刻领悟。

心灵箴言

历览前贤国与家，成由勤俭败由奢。

——李商隐

奢侈的必然后果——风化的解体——反过来又引起了趣味的腐化。

——[法] 卢梭

奢则妄取苟且，志气卑辱；一从俭约，则于人无求，于己无愧，是可以养气也。

——罗大经

谁在平日节衣缩食，在穷困时就容易渡过难关；谁在富足时豪华奢侈，在穷困时就会死于饥寒。

——[伊朗] 萨迪

珍惜时间，一寸光阴一寸金

故事话题

第二次世界大战中，丘吉尔平均每天工作 17 个小时，还使得他的 10 位秘书也每天忙得就像热锅上的蚂蚁一般，为了提高政府机构的工件效率，丘吉尔还制定了一种体制，他给那些行动迟缓的官员们的手杖上贴了一张“即日行动起来”的签条。

巴尔扎克在自己的写作生涯中，写出了 90 多部作品，塑造了 2000 多个不同类型的人物形象。他的创作时间表是：“从半夜到中午工作。”就是说，在圈椅里坐 12 个小时，努力修改和创作，然后从中午到 4 点校对校样，5 点钟吃饭，5 点半才上床，而半夜的时候又起床工作。

德国哲学家康德在哥尼斯堡大学任教期间，每天晚上 8 点钟睡觉，清晨 5 点钟起床，他在 30 年中严格按照这一时间表活动，以至于他每天早上外出散步时，当地的居民都以他出门的时刻为标准来校对时间。

故事解析

历数古今中外大凡有所建树者，无一不惜时如金。《淮南子》有云："圣人不贵尺之璧，而重寸之阴。"《长歌行》里也有这样的诗句："百川东到海，何时复西归？少壮不努力，老大徒伤悲。"陶渊明也有惜时诗："盛年不重来，一日难再晨，及时当勉励，岁月不待人。"王贞白在《白鹿洞》的诗中更有"一寸光阴一寸金"的妙喻。

唯有珍视时间的人，才有可能攀登理想之巅。富兰克林曾经说过："你热爱生命吗？那么别浪费时间，因为时间是组成生命的材料。"时间和理想是紧密相连的，无论失去了哪一方，另一方也会悄然逝去。世上凡有成就者无一不是和时间赛跑的。在他们心目中，时间就是金钱。同学们，让我们以他们为榜样，争做和时间赛跑的健将吧！

故事穿越

爱迪生的一生只上过三个月的学，他的学问是靠母亲的教授和自己自修得来的。他的成功，应该归功于母亲自小对他的谅解与耐心的教导，才使爱迪生长大后成为举世闻名的“发明大王”。

爱迪生自小就对很多事物感到好奇，而且喜欢亲自去试验一番，直到查明其中的道理为止。长大以后，爱迪生就根据自己这方面的兴趣，一心一意地做起了研究和发明的工作。他在新泽西州建立了一个实验室，他常对助手说：“浪费，最大的浪费莫过于浪费时间了。人生太短暂了，要多想办法，用极少的时间办更多的事情。”

一天，爱迪生在实验室里工作，他递给助手一个没上灯口的空玻璃灯泡，并要求他：“你测量一下灯泡的容量。”说完就又低头工作了。过了好半天，爱迪生问：“容量多少？”他没听见回答，转头看见助手拿着软尺在测量灯泡的周长、斜度，并拿了测得的数字伏在桌上计算。

爱迪生说：“时间，时间，怎么费那么多的时间呢？”说完便拿起那个空灯泡，向里面灌满了水，交给助手，说：“里面的水倒在量杯里，马上告诉我它的容量。”助手立刻读出了上面的数字。

爱迪生自言自语道：“这是多么容易的测量方法啊，它又准确，又节省时间，你怎么想不到呢？还去算，那岂不是白白地浪费时间吗？人生太短暂了，太短暂了，要节省时间，多做事情啊！”

故事微语

爱迪生是个爱惜时间的人，他会因为自己的助理浪费时间而感到难过。我们也要向爱迪生学习，做一个珍惜时间的人。

浪费时间就等于浪费生命。“今日”在成功者的心目中乃是成功之母，乃是生命。有志青年应该争做与时间竞争的战将，立志走在时间前面。

时间是一种不可再生资源，属于每个人的时间都是一定的，如果想做更多有意义的事情，让自己的人生变得更加丰富多彩，唯有珍惜时间、节约时间才可以做到。

心灵箴言

放弃时间的人，时间也放弃他。

——[英] 莎士比亚

完成工作的方法是爱惜每一分钟。

——[英] 达尔文

合理安排时间，就等于节约时间。

——[英] 培根

没有方法能使时钟为我敲已过去了的钟点。

——[英] 拜伦

时间就是生命。无端地空耗别人的时间，其实无异于谋财害命。

——鲁迅

诚信可信，赢得更多的尊重

故事话题

一个年轻人走进了一家汽车维修店，自称是某运输公司的汽车司机。

他对店主说："在我的账单上多写点零件，我回公司报销后，可以给你一定的好处。"但店主拒绝了这样的要求。顾客纠缠说："我的生意不算小，会经常光顾你们维修店的，你肯定能赚更多的钱！"

店主告诉他，这事无论如何他也不会做。顾客大声嚷道："谁都会这么干的，我看你是太傻了！"店主火了，他要求那个顾客马上离开，到别处谈这种生意去。

这时，顾客才露出微笑，握住店主的手说："我就是那家运输公司的老板。我一直在寻找一个固定的、信得过的维修店，我今后一定常来！"

故事解析

面对诱惑，不怦然心动，不为其所诱惑，就会让人领略到一种山高海深。这是一种闪光的品格——诚信。

诚信就是一种能力，做人诚信，则无往而不克。诚信是乡间的野花，虽然很不起眼，但却可以传递芬芳；诚信是掌船的舵手，有了它，你才可以勇敢前进。

一个人最可贵的品质是真诚，它是人的一笔无形资产，它是一种内在美，只要你能做到言必行，行必果，你同样是一颗璀璨的明珠，这就是一种人格魅力的力量，人应以诚信为本。

故事穿越

18 世纪英国的一位绅士，在深夜回家的路上，被一个衣衫褴褛的小男孩儿拦住了。小男孩儿说道："先生，请您买一包火柴吧。"绅士回答说："我不买。"说着绅士躲开男孩儿继续走，"先生，请您买一包吧，我今天还没吃饭呢。"小男孩儿追上来说。

绅士看到躲不开男孩儿，只好说道："可是我没有零钱呀"，"先生，你先拿上火柴，我去给你换零钱"。说完男孩儿拿着绅士给的 1 英镑快步跑开了，绅士等了很久，男孩儿仍然没有回来，绅士只好回家了。

第二天，绅士正在自己的办公室工作，仆人说一个男孩儿要求面见他。于是男孩儿被叫了进来，这个男孩儿长得很像昨天那个卖火柴的小男孩儿，只不过比那个男孩儿矮了一些，穿的更破烂。

小男孩儿说："先生，对不起了，我的哥哥让我给您把零钱送来了."

绅士问道："你的哥哥呢?"

"我的哥哥在换完零钱回来的路上被马车撞伤了，在家躺着呢。"绅士深深地被小男孩儿的诚信所感动。"走！我们去看看你的哥哥!"

到了男孩儿的家里，一见绅士，昨天那个小男孩儿连忙说："对不起，我没有给您按时把零钱送回去，失信了!"绅士却被男孩的诚信深深打动了。当他了解到两个男孩儿父母双亡，无依无靠的时候，毅然决定收养他们。

故事微语

诚信是一种强劲的力量，它可以点石成金，触木为玉。诚信是个人的素质，是企业的商誉，是社会进步的力量源泉。

你播种诚信，就会收获到更多。诚信像一颗星，一颗天幕中最小的星，但它却能发出最闪亮的光，点缀夜空；它像一杯绿茶，温暖整个心田，让疲惫的人感受到心灵的慰藉。它像蒲公英的种子，随风一起起航，无论走到哪个角落都能茁壮成长。

诚信是一种正确的价值观。生命如同一片汪洋大海，海上有狂风暴雨，只有拥有诚信之舵，你的船才不会颠覆，才能驶向成功彼岸。

心灵箴言

民无信不立。

——孔子

言不信者，行不果。

——墨子

人类最不道德处，是不诚实与怯懦。

——[苏联] 高尔基

生命不可能从谎言中开出灿烂的鲜花。

——[德] 海涅

诚实是力量的一种象征，它显示着一个人的高度自重和内心的安全感与尊严感。

——[美] 艾琳·卡瑟

感恩他人，常怀一颗感恩的心

故事话题

一个国家的总统问一位 104 岁的老奶奶的长寿秘诀时，老奶奶回答说：“一是要幽默，二是学会感谢。从 25 岁结婚那天起，我每天说得最多的两个字就是谢谢。我感谢丈夫、感谢父母、感谢儿女、感谢邻居、感谢大自然给予我的种种关怀和体贴，感谢每一个祥和、温暖、快乐的日子。当别人每对我说一句亲切的话语，每为我做一件平凡的小事，每送我一张问候的笑脸，我都忘不了说声谢谢。80 年过去了，是谢谢二字使我快乐地生活，使我幸福满满，使我生命长久。”

和老奶奶一样心怀感恩的还有一位教师。

在一个小镇上有一位教师，他患癌症死了，但他在临死之前留给人世间的最后一句话是“谢谢”：谢谢日夜照顾他的亲人，谢谢尽心为他治疗的大夫、护士，谢谢前来看望他的学生。在他死后，所有的人都掉下了眼泪，因为他的感恩，让他赢得了更多人的喜爱和尊重。

故事解析

感恩，多么温馨的名字。感恩不仅仅是对他人的回报，更是对自己的一种慰藉。对于困难，要感恩，因为它让我们学会思考；对于险阻，要感恩，因为它让我们学会成长；对于邪恶，也要感恩，因为它让我们更向往善良……

我们要感恩生活，感恩亲人，感恩朋友，感恩大自然……每天，我都以一颗感恩的心去生活。遇到伤害自己的人，感谢他磨炼了自己的心志；遇到欺骗自己的人，感谢他增进了自己的见识；遇到绊倒自己的人，感谢他强化了自己的能力；遇到斥责自己的人，感谢他增长了自己的智慧；遇到藐视自己的人，感谢他觉醒了自己的自尊。

故事穿越

一位山区农民为了感谢那位收留他走失的孩子并将其送上回家汽车的好心人，竟在一座小县城里挨家挨户地寻找了好几天，只是为了当面向那位好心人说一声“谢谢”。

感恩是一种最美好的习惯，拥有感恩之心的人更容易受到大家的喜爱。

一个盲女在妈妈的生日时送给她一份扎在生日贺卡上的盲文。妈妈看不懂，请别人给她解释，没想到那段盲文竟让她泪流满面。那段盲文是：“妈妈，谢谢您把我养大！虽然您没给我明亮的眼睛，但谢谢您给了我生命。我永远爱您，谢谢您。”

故事微语

有时，一千句、一万句的感谢之情，都凝聚在“谢谢”这两个字上了，常怀一颗感恩的心，是我们应该做到的。

感恩是一种美德，是一种态度，也是一种信念。

感恩父母，品味亲情。父爱如山，母爱似海。从出生的那一天起，我们就无时无刻不在享受着父母的爱。

感恩生命，珍惜生活。人最宝贵的是生命。感恩生命，就会珍惜社会赋予你的一切。

感恩友情，善待他人。在我们成长过程中，朋友的指引，带自己走过人生的柳暗花明；朋友的帮助，帮自己跨过人生的困难挫折；朋友的患难与共，让自己倍增面对困难的勇气。

感恩社会，学会宽容。感恩社会，让我们学会用爱心去回报真情，让这个社会处处都充满温暖。

心灵箴言

父恩比山高，母恩比海深。

——日本谚语

感谢是美德中最微小的，忘恩负义是恶习中最不好的。

——英国谚语

生活需要一颗感恩的心来创造，一颗感恩的心需要生活来滋养。

——王符

蜜蜂从花中啜蜜，离开时营营地道谢。浮夸的蝴蝶却相信花是应该向他道谢的。

——[印度] 泰戈尔

每一种恩惠都有一枚倒钩，它将钩住吞食那份恩惠的嘴巴，施恩者想把他拖到哪里就得到那里。

——[英] 堂恩

积极乐观，用阳光谱写青春之歌

故事话题

一个全家期待已久的孩子终于诞生了，但是刚刚出生的孩子让大家都呆住了。

“快，把他送进保温箱！”医生担心产妇受不了打击，匆忙地剪断脐带，包起来交给护士。

之后的一个月，“那个娃娃”的妈妈没能见到自己的孩子。“黄疸重症，现在不能看！”大家总是这样骗她。一个月过去了，不能再瞒了，医生、护士和家人都做了最坏的打算，想象她会尖叫着晕倒，想着她会声嘶力竭，想她会痛哭失声，甚至为她准备了一张空着的病床。

这个母亲终于见到那个没有双臂，也没有双腿的孩子。“好可爱！”她居然笑着说。这个先天残疾的孩子，就是现在日本著名的作家，《五体不满足》的作者乙武洋匡。在之后曾这样说道：“出生一个月，我终于诞生了。”

乙武洋匡，由于自传《五体不满足》而广为人知。他在家人与老师的帮助下，克服了许多行动上的不便，一路完成学业教育。1997 年出版了自传。他的事迹激励了许多日本民众，自传的销量达到 380 万册。之后又陆续出版了一些书籍，并接受日本一家电视台的工作，负责“新闻的森林”节目的企划和播出。

故事解析

母爱用积极乐观的心态，让自己残疾的儿子和正常人一样生活了下去，更重要的是培养了乙武洋匡坚忍不拔的意志。乙武洋匡之所以会取得成功，成为著名作家的秘诀，也就在于他的正面、积极和乐观。

积极乐观是迷茫中的一盏明灯，照亮我们前进的道路，指引我们向着胜利的方向前进，谱写出我们青春的赞歌。同学们，让我们以积极乐观的心态来迎接生命中的每个黎明吧！

故事穿越

有两个秀才一起去赶考，路上他们遇到了一支送葬的队伍。看到那个棺材的时候，一个秀才心里立刻“咯噔”一下，凉了半截，心想赶考路上碰到这个倒霉的棺材。于是心情一落千丈，走进考场，那个“棺材”一直挥之不去，考试时文思枯竭，最后果然没名落孙山。

另一个秀才也同时看到了那个棺材，一开始心里也“咯噔”一下，但转念一想：棺材，那不是既有“官”也有“财”吗？好兆头，看来今天我要红运当头了。于是情绪十分高涨，走进考场，文思如泉涌，果然一举高中。

回到家里，两个人都对家里人说，“棺材”真的好灵。

故事微语

积极思维者，从事物存在中总能找到其存在的积极意义，做出积极的反映，指导其用积极和乐观来成就自己人生的巅峰。

爱因斯坦曾经说过："真正的快乐是对生活的乐观，对工作的愉快，对事业的兴奋。"一个积极乐观的人，他的生命里总是充满了阳光，他的世界里总是充满了惊喜。让我们也用积极乐观的心态来生活吧，享受生命中的所有美好！

心灵箴言

如果人是乐观的，一切都有抵抗，一切都能抵抗，一切都会增强抵抗力。

——瞿秋白

一个人也许会相信许多废话，却依然能以一种快乐的方式安排他的日常工作。

——[英] 诺曼·道格拉斯

生命苦短，但这既不能阻止我们享受生活的乐趣，也不会使我们因其充满艰辛而庆幸其短暂。

——[法] 沃维纳格

我们曾经为欢乐而斗争，我们将要为欢乐而死。因此，悲哀永远不要同我们的名字连在一起。

——[俄] 伏契克

第五篇

节制自己的欲望：让心灵得以飞扬

每个人都有自己的欲望，但是欲望过大，会使自己陷入痛苦的境地，只有节制自己的欲望才能让心灵得以飞扬，而控制自己的欲望，就需要自己做到不虚荣、莫攀比、勿贪婪、忌嫉妒和轻名利。

不虚荣，真实的你就很好

故事话题

在一个树木茂盛的森林里，有一只爱虚荣的乌鸦，它非常喜欢别人夸她漂亮。

有一次，这只乌鸦费尽千辛万苦找来了一块又肥又美的肉，可是狐狸来了。狐狸是一个喜欢打小算盘的动物。

狐狸已经饥肠辘辘了，它拖着疲惫不堪的身子，走在路上，突然看见乌鸦嘴里叼着一块肉立在枝头，饥饿的狐狸见到肉后笑了一笑，得意地想：乌鸦既然爱让别人夸她的好，那我今天就来夸夸她。

狐狸装出一副诚恳的样子走上前去对乌鸦说道："美丽动人的小姐，你的身姿，你的容颜简直是太完美了……你简直就是我心目中的偶像，我实在是太崇拜你了，你能够用你那优美动听的嗓音为我来说两句话吗？"

狐狸把乌鸦夸得天花乱坠。乌鸦高兴地清了清嗓子，刚一开口，肉就掉了下来，狐狸捡起肉转身就走了。

故事解析

乌鸦因为自己的虚荣而失去了自己千辛万苦才得到的美味。虚荣心就是追求不真实的光荣感或荣誉感，是一种暂时的、虚假的心理需要。一味追求虚荣，会使人形成盲目自大及虚伪的性格。

有虚荣心的人不能客观认识自己，缺乏自知之明。有位哲学家曾经说过："虚荣心很难说是一种恶行，然而一切恶行都围绕虚荣心滋生，都不过是满足虚荣心的手段。"我们应坚信：真正的荣誉，在虚荣之外。

故事穿越

眼镜蛇阴险毒辣，森林里的动物都不喜欢它。大家在一起讨论了多次，可是依然没有讨论出对付眼镜蛇的好办法。大伙都说，谁能除掉眼镜蛇，谁就是英雄。

一天，黑熊在小溪边喝水，见旁边的草丛中有动静，就走过去看个究竟。草丛中的眼镜蛇听到声音后赶忙回头，黑熊来不及多想，用脚往眼镜蛇头上狠狠踩了下去。眼镜蛇挣扎了一会儿，不动了。

黑熊想：应该让大伙来看看我的英雄形象。他大声喊叫："大家快来看哪，我把罪大恶极的眼镜蛇踩死啦！"

动物们听到这个喜讯，从四面八方赶过来，都夸黑熊是森林中的英雄。黑熊听了大家的赞扬，顿时心花怒放。

猴子对黑熊说："在你准备把脚踩向眼镜蛇的一瞬间，你脑海里想了些什么？"

黑熊想照直说当时根本来不及多想就一脚踩了下去，但觉得这样说显得太平淡了。于是想了想说："我将脚踩下去之前，想了很多很多。我想，如果踩下去没有踩准眼镜蛇的脑

袋，被他咬一口就没命了。但是我又想这是为民除害，不能患得患失，于是就一脚踩了下去……”

黑熊边说边比划，他的脚也不由自主地动了起来。这时，装死的眼镜蛇趁黑熊抬脚的一瞬间，突然在黑熊的脚上咬了一口，然后迅速逃跑了。

黑熊被大家送到了医院，经过救治，保住了性命。他懊悔地说：“虚荣心让我前功尽弃，还险些送命啊！”

故事微语

放下你的虚荣，不要过高地估计自我，要客观地评估一切，要勇于承认自己的缺点，用平常的心态，来充分地保护你的自尊。

虚荣不是永恒，过度的虚荣是可耻的，让我们做真实的自己，并鞭策自己努力进步，全力提升自己的能力和素质，让自己变得真正优秀起来，因为虚荣不可能会代表优秀。

心灵箴言

虚荣是伪善的产物。

——[苏格兰] 托·卡莱尔

真正的名声，是在虚荣之外。

——[美] 莱昂

每一个人的虚荣是和他的愚蠢程度相等的。

——[英] 波普

真正的谦虚只能是对虚荣心进行了深思以后的产物。

——[法] 伯格森

莫攀比，用淡定的眼光看待世界

故事话题

杰瑞原本是个农村孩子，因为成绩优异，被推荐到了城里的高中上学。

城里的生活和乡下的生活是不一样的，大部分同学都穿着名牌，出手阔绰，这便显得杰瑞有点格格不入，他甚至觉得到城里上学是个错误的决定。

一天，同桌爱丽丝对杰瑞开着玩笑："杰瑞，你能不能不要穿那么老土的裤子啊，和你坐一桌很丢人哎！"这让杰瑞感到无地自容，恨不得找个地缝钻进去。

好不容易挨到放学，杰瑞找到了一个公共电话亭，打给了家里："妈妈，学校需要买些资料，您给我 50 美元吧！"

杰瑞的谎话并没有让妈妈察觉，于是，妈妈很快就让老乡给杰瑞拿来了 50 美元，并附有一张小条："加油，我亲爱的孩子。"

杰瑞看着这张小条，不禁泪流满面，他想起亲爱的妈妈在最热的天气里还在农场里劳作，于是，杰瑞小心地将这 50 美元放在了贴身的衣兜里，没有像计划的那样买件像样的裤子。

很多年以后，杰瑞终于学业有成，成为了一名企业家，那 50 美元和那张小小的字条被杰瑞装裱在了一个相框里，他说："盲目攀比曾经给我带了很多痛苦，每当看到这 50 美元，我都会告诫自己，再也不要攀比了。"

故事解析

每个人在这个世界中都是一朵独一无二的花朵。每一朵鲜花都有自己独特的姿态展现在世间。每种花都有属于自己的独特韵味，盲目攀比有害无益。盲目攀比会让自己过得很不幸福，甚至很痛苦。

改变我们能够改变的事情，学会通过取长补短来让自己变得更加优秀。“金无足赤，人无完人”。少一点苛求，多一份快乐，少一点盲目攀比，多一点幸福快乐。我们要学会轻松快乐地面对生活，学会珍惜自己目前所拥有的一切。

故事穿越

珍妮是个12岁小女孩，她的妈妈每天都要到一个服装厂里上班，父亲的腿脚不好，常年卧病在床，生活得虽然艰辛，但是父慈母爱，倒也幸福。

一天，天降大雨，所有的孩子都被家长接走了，唯有珍妮一个人被留在了空空的教室里，她突然想起了同学们的议论，说珍妮是个孤儿，要不然怎么从来都没有见过她的爸爸妈妈来接她呢？

珍妮的眼泪忍不住地流了下来，她给家里打了一个电话，爸爸告诉她，妈妈正在加班，没法去接她。珍妮哭着大喊：“就只有我是个没人管的孩子！”

雨继续下着，珍妮也继续哭着，忽然，教室的门被推开了，原来是爸爸，爸爸拖着伤腿来学校接珍妮了！珍妮哭着扑到了爸爸的怀里。

回到家后，珍妮的爸爸伤腿复发，病情变得更严重了，珍妮的心里充满了愧疚。爸爸抚摸着珍妮的头发说：“好孩子，不要和别人攀比，爸爸妈妈不可能永远陪着你，做个坚强的孩子吧！”珍妮使劲点了点着头。

故事微语

我们各自的出生是无法选择的，但我们有权利选择自己想要的生活。每个人都有自己的人生，行走在不同的人生道路上，所经历的坎坷和幸福都是不尽相同的。

每个人都是弥足珍贵的沧海一粟，你要学会善待自己。不攀比才是健全人生的支柱，是人生动力的源泉。不攀比本身就是世间成本最低、风险最小的成功，是一种境界，一种处世智慧。

心灵箴言

生活累，一小半源于生存，一小半源于攀比。

——佚名

这个世界上有很多天才，天才是用来欣赏的，不是用来攀比的。

——俞敏洪

不要和别人攀比，这样你会活得很轻松，人最大的敌人是自己。

——佚名

勿贪婪，学会适可而止

故事话题

非洲土人抓狒狒有一绝招：故意让躲在远处的狒狒看见，然后将它爱吃的食物放在一个小洞中。

等人走远，狒狒高兴地跑过来，它将爪子伸进洞里，紧紧地抓住了食物，但由于洞口太小，它的爪子在握成拳头状后就无法从洞中拔出来了，这时人只需要不慌不忙地来收获狒狒就可以了，根本不必担心它会跑掉。

因为狒狒舍不得那可口的食物，越是惊慌越会急躁，便会将食物抓得越紧，爪子便再也无法从洞中抽出来了。

故事解析

狒狒们只要一撒手，就可以溜之大吉，可它们却偏偏舍不得那些到手的食物。它们之所以会被抓住，原因就在于狒狒们太贪了，在该撒手时没有果断撒手。

贪婪如同一个永远填不满的沟壑。愈是贪婪，愈发现自己一无所有。而知足是一种可贵的品质，它教会我们适可而止，不给自己过大压力，从而更好地前行，更好地成长。

故事穿越

弗莱明是一个穷苦的苏格兰农民。

一天弗莱明在田间劳作时，听到附近传来一阵哭喊声。他放下农具跑过去，发现是一个小孩儿掉进了粪坑里。

弗莱明忙把这个小孩儿从死亡的边缘救了起来。第二天一辆崭新的马车停在了弗莱明的家门口，车上走下来一位优雅的绅士，他自我介绍是那个被救起的小孩儿的父亲。

绅士说："我要报答你，是你救了我孩子的性命。"

弗莱明说："我不愿意因此接受到什么报酬。"

就在这时候，弗莱明的儿子从茅屋里走过来，绅士问："这是你的

儿子吗?”

弗莱明说:“是。”

绅士说:“我们来签一个协议。让我带他走，并让他接受良好的教育。假如他能像他父亲一样，将来一定会成为一位令你骄傲的人。”

弗莱明答应了。后来，弗莱明的儿子从英国的圣玛利亚医学院毕业，成为举世闻名的弗莱明·亚历山大爵士，他就是盘尼西林的发明者。

数年后，绅士的儿子染上了肺炎，是盘尼西林救活了他。那绅士就是英国上议院议员丘吉尔，他的儿子就是英国“二战”时的首相丘吉尔爵士。

故事微语

朴实善良的弗莱明救人之急，不求回报，凭着善良的本能做了一件好事，竟给自己的孩子带来了良好的机遇。又由于自己孩子的成就，医治了绅士的儿子。

而弗莱明的儿子之所以会取得这么多的成就，归根结底还是因为弗莱明的不贪婪，他没有向绅士提出任何要求，一点也不贪婪，最后竟也打动了绅士，从而让自己的儿子得到了更大的学习机会。

心灵箴言

贪婪是许多祸事的原因。

——[希腊] 伊索

贪财而取危，贪权而取竭。

——庄子

贪吃蜂蜜的苍蝇准会溺死在蜜浆里。

——[美] 盖伊

自私和贪婪相结合，会孵出许多损害别人的毒蛇。

——艾青

忌嫉妒，用欣赏的眼光看待美好

故事话题

在古远时代，摩伽陀国有一位国王饲养了一群大象。象群中，有一头象长得全身白皙，毛柔细光滑。后来，国王将这头大象交给一位驯象师照顾。这位驯象师不仅照顾它的生活起居，还用心教它各种本领。这头白象十分聪明、善解人意，过了一段时间之后，他们已建立了很深厚的感情。

有一年，摩伽陀国举行一个盛大庆典。国王打算骑白象去观礼，于是驯象师将白象装扮了一番后，在它的背上披上了一条白毯子后，交给了国王。

国王就在很多官员的陪同下，骑着白象进城观看庆典。由于这头白象实在是太漂亮了，民众都围拢过来，大声喊着："象王，象王……"

这时，骑在象背上的国王，觉得自己的光彩都被这头白象抢走了，心里十分嫉妒。他很快地绕了一圈后，就不悦地返回了王宫。

一入王宫，国王问驯象师："这头白象，有什么特殊的技艺？"

驯象师问国王："不知道国王您指的是哪方面？"

国王说："它能不能在悬崖边展现它的技艺呢？"

驯象师说："应该可以。"

国王就说："好，那明天就让它在波罗奈国和摩伽陀国相邻的悬崖上表演。"

隔天，驯象师将白象带到了悬崖边。国王就说："这头白象能以三只脚站立在悬崖边吗？"

驯象师说："可以。"

他骑上象背，对白象说："来，用三只脚站立。"

果然，白象立刻就缩起一只脚。

国王又说："它能两脚悬空，只用两脚站立吗？"

"可以。"驯象师就叫它缩起两脚，白象很听话地照做。

国王接着又说："它能不能三脚悬空，只用一脚站立？"

驯象师一听，才知道国王存心要置白象于死地，便对白象说："你这次要小心一点，缩起三只脚，用一只脚站立。”白象也很谨慎地照做。

围观的民众看了，热烈地为白象鼓掌起来。

国王看后，心里更加不平衡了，就对驯象师说：“它能把后脚也缩起，全身悬空吗？”

这时，驯象师便悄悄地对白象说：“国王存心要你的命，你就腾空飞到对面的悬崖吧？”不可思议的是这头白象竟真的把后脚悬空飞起来，载着驯象师飞越悬崖，到了波罗奈国。

波罗奈国的人民看到白象飞来，都高兴地欢呼雀跃起来。国王很高兴地问驯象师：“你从哪儿来？为何会骑着白象来到我的国家？”驯象师便将经过一一告诉国王。国王听后，叹道：“人为何要与一头象嫉妒呢？”

故事解析

嫉妒是一种卑下的情感，嫉妒会使人失去理智。人生在世，一定要有一颗平静和睦的心，切不可心怀嫉妒。

俗话说：“己欲立而立人，己欲达而达人。”别人有所成就，我们应该保持平静的内心，最好能够向他们学习。

拜伦说过：“爱我的我报以叹息，恨我的我置之一笑。”他的这“一笑”，就是对嫉妒者的最好回应。对嫉妒者的中伤，最妙的回答是——让心灵安详地微笑。

故事穿越

在一个小镇上，有一位著名的艺术家，他的作品非常出名。一天，王子慕名来请他为自己做一个骑马的铜雕像。艺术家接了活儿便没日没夜地忙起来。终于，巨大的雕像做成了，被立在镇子中心的广场上。

王子带了几位大臣来看。雕像是如此的漂亮，王子看了忍不住惊叹起来。他像老朋友一样握住了艺术家的手，称赞道："你太伟大了，这尊雕像会使你更加出名。你把我雕得很完美。"

王子身边的大臣们听了，对艺术家产生了嫉妒心理，想着用什么法子污辱他一番。于是，有个大臣站出来说道："请允许我说个不足之处，这匹马的头雕得太大了，跟整座雕像不协调。"另一个大臣接着说："马脖子的弯度不好。"第三个说："如果把马的右后腿改进一下，这匹马应该将变得更加好看。"还有一个大臣说马尾巴有缺点。

艺术家静静地听完后，转向王子说："大臣们找出了马的很多缺点，您让我用几天时间来把这些缺点改正过来吧。"。

艺术家在雕像的四周围起了屏风，说如此的话，自己便不会受到什么打扰。外面的人们只能听到里面"叮叮"的敲打声。几天之后，雕像修改完成了。艺术家又叫王子和大臣们来看修改好的雕像。

看完后，大臣们都说原来的毛病没有了。王子说："大臣们非常满意，谢谢你对雕像进行了修改。"

艺术家微笑道："他们满意就行了，但实际上，我根本没对雕像进行任何修改。"

王子惊讶地问道："那你每天'叮叮'地敲什么？"

艺术家说："我在敲大臣们的嫉妒啊，现在大家都知道了，他们说马的缺点只是出于嫉妒。我想我应该把他们的嫉妒敲碎。"王子听了，大笑起来，而他身边的大臣们则灰溜溜地走了。

故事微语

英国作家查普曼曾经说过：“嫉妒犹如一只苍蝇，经过身体的一切健康部分，而停止在创伤的地方。”嫉妒是人的一种不良情绪、一种不良的心理反应，是对才能、地位、名誉或财富比自己好的人心生怨恨。

嫉妒是人内心之大敌，嫉妒心过强，很容易酿成悲剧，害人又害己。我们要保持平衡的心态，不要被嫉妒冲昏了头脑。

心灵箴言

嫉妒——心灵上的肿瘤。

——艾青

嫉妒生于利欲，而不生于贤美。

——黄道周

嫉妒是来自地狱的一块嘶嘶作响的灼煤。

——[英] 歌德

嫉妒的人常自寻烦恼，这是他自己的敌人。

——[希腊] 德谟克例特

不应嫉妒天才人物，就像不应该嫉妒太阳一样。

——[俄] 尤里·邦达列夫

嫉妒，实在是不可饶恕的激情；不仅如此，它甚至是——不幸！

——[俄] 陀思妥耶夫斯基

轻名利，非淡泊无以明志

故事话题

莱特兄弟，也就是维尔伯·莱特和奥维尔·莱特是美国的发明家。

1903 年，莱特兄弟成功地完成首次飞行试验后，两人名扬全球。

虽然莱特兄弟成为了世界知名人物，然而他们却完全没把声名放在心上，只是继续默默地工作，不写自传，也不参加无意义的宴会，甚至从不接待新闻记者。

有一次，维尔伯向一位记者解释了这其中的原因：“先生，你知道吗，鹦鹉喜欢叫得呱呱响，但是它却怎么也飞不高。”

还有一次是弟弟奥维尔的故事。奥维尔和姐姐一起用餐，吃到一半的时候，奥维尔顺手从口袋里摸出一条红丝带擦嘴，姐姐见后问他：“哪来的手帕这么漂亮？”

奥维尔毫不在意地说：“哦，这是法国政府发给我的荣誉奖章，刚刚嘴巴沾油没手帕用，我就拿来擦嘴了。

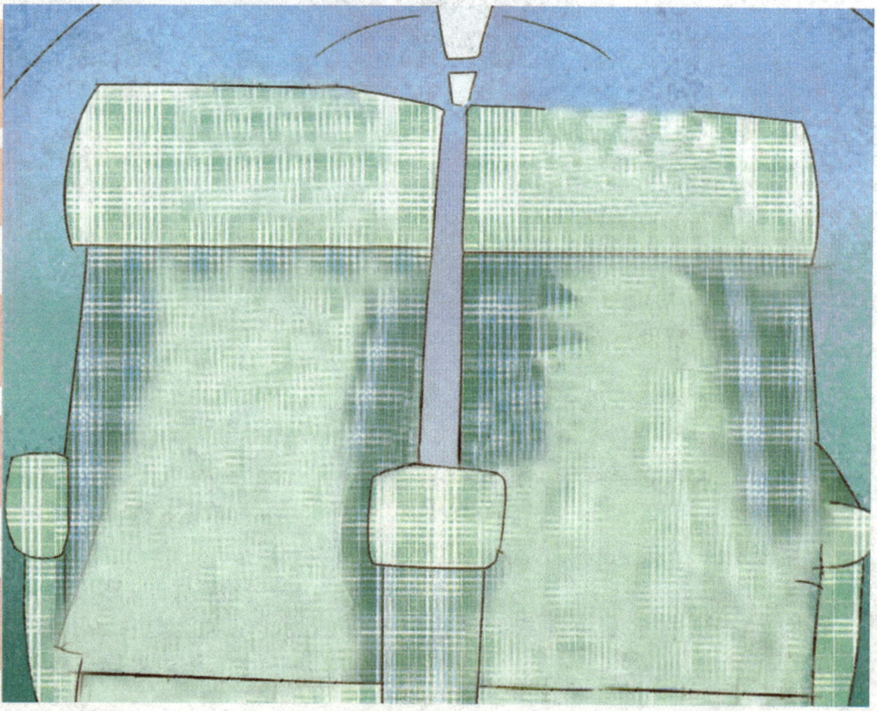

故事解析

一个人如果不能淡泊名利，就无法保持心灵的纯真，到头来只能得到疲累与挫折。其实，静心地观察这个世界，阳光便会照耀在我们身上。一个人如果可以做到淡泊名利，那么他将会得到大家更多的尊重和爱戴。

人们常常把“淡泊明志，宁静致远”作为最高境界。人生有限，名利是无止境的，只有知足，才能常乐。知足者能看透名利的本质，心境自然宽阔。一个人如果养成淡泊名利的人生态度，从容面对生活，他也就更容易获得幸福。

故事穿越

有一天，居里夫人的一位女性朋友来她家里做客，忽然看见居里夫人的小女儿正在玩弄英国皇家学会刚刚奖给她的一枚金质奖章。

朋友不禁大吃一惊，连忙问她说："居里夫人，那枚奖章是你极高的荣誉，你怎么能给孩子拿去玩呢？"

居里夫人笑着说："我是想让孩子从小就知道，荣誉就像玩具一样，只能玩玩而已，决不能永远守着它，否则就将一事无成。"

故事微语

一个人如果欲望太多，生命该如何承受重负，人生又怎能获得快乐呢？因此，在人生的旅途，追求淡泊，坦然面对生活的赐予，用平和淡定的心态去看待现实中的一切。做一个真实的自我，认认真真做事，踏踏实实做人才是我们最需要做的。

俗话说：“非淡泊无以明志。”淡泊名利是一种境界。当今社会是一个五彩斑斓的大千世界，充斥着各种各样的名利诱惑，只有淡泊名利，才会守住内心的梦想。

心灵箴言

淡泊明志，夙夜在公。

——蔡锷

不以一毫私利自蔽，不以一毫私欲自累。

——朱熹

不好名者，斯不好利；好名者，好利之尤者也。

——钱琦

宠辱不惊，闲看庭前花开花落；去留无意，漫随天外云卷云舒。

——洪应明

心灵榜样微史话

巴尔扎克

奥诺雷·德·巴尔扎克，法国小说家，被称为现代法国小说之父，生于法国中部图尔城一个中产者家庭，1816 年入法律学校学习，毕业后不顾父母反对，毅然走上文学创作道路，但是第一部作品五幕诗体悲剧《克伦威尔》却完全失败。而后他与人合作从事滑稽小说和神怪小说的创作，曾一度弃文从商和经营企业，出版名著丛书等，均告失败。商业和企业上的失败使他债台高筑，拖累终身，但也为他日后创作打下了厚实的生活基础。

1829 年，巴尔扎克发表长篇小说《朱安党人》，迈出了现实主义创作的第一步，1831 年出版的《驴皮记》使他声名大振。他要使自己成为文学事业上的拿破仑，在 30 至 40 年代以惊人的毅力创作了大量作品，一生创作甚丰，写出了 91 部小说，合称《人间喜剧》。《人间喜剧》被誉为“资本主义社会的百科全书”。但他由于早期的债务和写作的艰辛，终因积劳成疾于 1850 年 8 月 18 日与世长辞。

居里夫人

玛丽亚·居里斯克洛多夫斯卡娅，原籍波兰，法国著名科学家、物理学家、化学家。1867 年 11 月 7 日生于波兰首都华沙，1891 年随姐姐布洛尼斯拉娃至巴黎读书。在巴黎取得学位并从事科学研究，为巴黎和华沙“居里研究所”的创始人。

1903 年，居里夫妇和贝克勒尔由于对放射性的研究而共同获得诺贝尔物理学奖，1911 年居里夫人又因发现钋和镭而获得诺贝尔化学奖，成为历史上第一个两获诺贝尔奖的人。玛丽·居里的成就包括开创了放射性理论，发明分离放射性同位素技术，以及于 12 月 21 日发现两种新元素钋和镭。在她的指导下，人们第一次将放射性同位素用于治疗癌症。居里夫人是成功女性的先驱，她的典范激励了很多人。她的丈夫皮埃尔·居里在 1906 年 4 月 19 日这个雨天在街上被马车撞倒后当场死亡，居里夫人则由于长期接触放射性物质，于 1934 年 7 月 3 日因恶性白血病逝世。

迈克尔·乔丹

迈克尔·乔丹，美国职业篮球运动员，被称为“空中飞人”。

迈克尔·乔丹在 NBA 篮球职业生涯中创造了刷屏般不胜枚举的纪录，被多数人认为是全世界最优秀的篮球运动员，也是 NBA 历史上第一位拥有“世纪运动员”称号的巨星。他将 NBA 推广至全球每个角落，成为好莱坞以外又一不可阻挡的美国文化，他为联盟带来的收入至少在 100 亿美元。NBA 官方网站称：“就受到的赞誉而言，迈克尔·乔丹是 NBA 史上最伟大的篮球运动员”。他在 2009 年入选篮球名人堂。

2010 年 3 月 19 日，已经退役的迈克尔·乔丹成功收购 NBA 夏洛特山猫队，成为山猫队的老板。

拜伦

乔治·戈登·拜伦，是英国 19 世纪初期伟大的浪漫主义诗人。代表作品有《恰尔德·哈洛尔德游记》《唐璜》等。在他的诗歌里塑造了一批“拜伦式英雄”。他不仅是一位伟大的诗人，还是一个为理想战斗一生的勇士；他积极而勇敢地投身革命，参加了希腊民族解放运动，并成为领导人之一。

乔治·戈登·拜伦是举世公认的 19 世纪浪漫主义文学的代表人物。他一生写下了大量的诗歌，他倡导热情，倡导想象，他的诗作被世人赞誉为“抒情史诗”，具有作者本人的思想性格特征的叛逆者，被称作“拜伦式英雄”。对后世具有深远影响。

杜甫

杜甫，字子美，祖籍湖北襄阳，生于河南巩县，自号少陵野老，唐代伟大的现实主义诗人，与李白合称“李杜”。

杜甫在中国古典诗歌中的影响非常深远，被后人称为“诗圣”，他的诗被称为“诗史”。后世称其杜拾遗、杜工部，也称他杜少陵、杜草堂。

杜甫创作了《春望》《北征》《三吏》《三别》等名作。759 年杜甫弃官入川，虽然躲避了战乱，生活相对安定，但仍然心系苍生，胸怀国事。虽然杜甫是个现实主义诗人，但他也有狂放不羁的一面，从其名作《饮中八仙歌》不难看出杜甫的豪气干云。

杜甫的思想核心是儒家的仁政思想，他有“致君尧舜上，再使风俗淳”的宏伟抱负。杜甫虽然在世时名声并不显赫，但后来声名远播，对中国文学和日本文学都产生了深远的影响。杜甫共有约 1500 首诗歌被保留了下来，大多集于《杜工部集》。

齐白石

齐白石，生于湖南长沙府湘潭。原名纯芝，字渭青，号兰亭。后改名璜，字濒生，号白石、白石山翁、老萍、饿叟、借山吟馆主者、寄萍堂上老人、三百石印富翁。是近现代中国绘画大师，世界文化名人。早年曾为木工，后以卖画为生，57 岁后定居北京。擅画花鸟、虫鱼、山水、人物，笔墨雄浑滋润，色彩浓艳明快，造型简练生动，意境淳厚朴实。所作鱼虾虫蟹，天趣横生。

齐白石书工篆隶，取法于秦汉碑版，行书饶古拙之趣，篆刻自成一家，善写诗文。曾任中央美术学院名誉教授、中国美术家协会主席等职。代表作有《蛙声十里出山泉》《墨虾》等。著有《白石诗草》《白石老人自述》等。

徐悲鸿

徐悲鸿，原名徐寿康，江苏宜兴市屺亭镇人。中国现代画家、美术教育家。曾留学法国学西画，归国后长期从事美术教育，先后任教于国立中央大学艺术系、北平大学艺术学院和北平艺专。1949 年后任中央美术学院院长。擅长人物、走兽、花鸟，主张现实主义，于传统尤推崇任伯年，强调国画改革融入西画技法，作画主张光线、造型，讲求对象的解剖结构、骨骼的准确把握，并强调作品的思想内涵，对当时中国画坛影响甚大。所作国画彩墨浑成，尤以奔马享誉世界。

徐悲鸿被称为中国现代美术教育的奠基者，主张发展“传统中国画”的改良，立足中国现代写实主义美术，提出了近代国画之颓废背景下的《中国画改良论》。

1953 年 9 月 26 日，徐悲鸿因脑出血病逝，享年 58 岁。按照徐悲鸿的愿望，夫人廖静文女士将他的作品 1200 余件，图书、画册、碑帖等 1 万余件，全部捐献给国家。

华罗庚

华罗庚，江苏金坛人，祖籍江苏省丹阳。世界著名数学家，中国科学院院士，美国国家科学院外籍院士，第三世界科学院院士，德国巴伐利亚科学院院士。中国第一至第六届全国人大常委会委员。

华罗庚是中国解析数论、矩阵几何学、典型群、自守函数论与多元复变函数论等多方面研究的创始人和开拓者，也是中国在世界上最有影响力的数学家之一，被列为芝加哥科学技术博物馆中当今世界 88 位数学伟人之一。国际上以华氏命名的数学科研成果有“华氏定理”“华氏不等式”“华—王方法”等。

1985 年 6 月 12 日逝世后，华老的家乡——江苏省金坛市，即在市中心的中山公园内兴建了一座设有 3 个展厅、总面积 615 平方米的华罗庚纪念馆。作为江苏省爱国主义教育基地。多年来，华罗庚不仅没有被人们淡忘，反而越来越受到人们的尊敬和怀念。

刘白羽

刘白羽，当代著名作家，山东潍坊青州人，出生于北京通州。1938 年 12 月加入中国共产党。历任中华全国文艺界抗敌协会延安分会党支部书记、重庆《新华日报》副刊部主任、北平军事调处执行部记者、新华社总社军事特派记者、中国作家协会党组书记、作协副主席、作协书记处书记、中华人民共和国文化部副部长、中国人民解放军总政治部文化部部长、顾问、《人民文学》主编等职。刘白羽是中国共产党第八次党代会代表，第一、二、三、五、六届全国人大代表，全国政协第一届代表、第七届委员。

半个多世纪来，参加了抗日战争、解放战争和抗美援朝战争以及新中国的建立。延安文艺座谈会后，始终不渝地坚持文艺的工农兵方向，进而为社会主义、为人民写作。

白岩松

白岩松，央视著名主持人，1968 年 8 月 20 日出生于内蒙古自治区呼伦贝市，1989 年毕业于中国传媒大学新闻系，主持《新闻周刊》《感动中国》《新闻 1+1》等节目，以其“轻松、快乐、富有趣味”的主持风格，深受观众喜爱。

1993 年，白岩松参与创办《东方时空》，并推出了《东方之子》等栏目。1997 年主持了香港回归、三峡大坝截流等节目直播。1999 年参加了澳门回归直播、国庆 50 周年庆典转播。2003 年新闻频道创建，他开始主持《中国周刊》。

2000 年被授予“中国十大杰出青年”，担任 2004 年和 2008 年两届奥运火炬手。在其主持生涯中，先后多次荣获“优秀播音员主持”奖，并于 2009 年荣获“话语主持群星会年度终身成就奖”。

心灵修养用语微解

自省：自我评价、自我反省、自我批评、自我调控和自我教育，是孔子提出的一种自我道德修养的方法。他说：“见贤思齐焉，见不贤而内自省也。”

坚定：意志坚强，不动摇。近义词：矍铄、果断、倔强、刚强、坚忍、坚毅、固执、顽固、坚贞、坚强、刚毅、执意、顽强、坚决。反义词：游移、犹豫、动摇、软弱、摇动。刘琨《书》：“胆识坚定，临难无苟免之意。”

执著：原为佛教语，指对某一事物坚持不放。泛指固执或拘泥，亦指对某种事物追求不舍。《大般若经》卷七一：“能如实一切法相而不执著故，复名摩诃萨。”《菩提心论》：“凡夫执著名闻利养资生之具，务以安身。”

情绪：是对一系列主观认知经验的通称，是多种感觉、思想和行为综合产生的心理和生理状态。最普遍、通俗的情绪有喜、怒、哀、惊、恐、爱等，也有一些细腻微妙的情绪如嫉妒、惭愧、羞耻、自豪等。情绪常和心情、性格、脾气、目的等因素互相作用，也受到激素和神经递质影响。无论正面还是负面的情绪，都会引发人们行动的动机。

自尊：自我尊重，尊重自己，也指自己的尊严。一般认为是做人所必须拥有的一种心理，也是社交所需要把握的底线。《礼记·表记》：“不自尚其事，不自尊其身。”《韩非子·诡使》：“重厚自尊，谓之长者。”杨沫《青春之歌》：“由于习惯——她孤独惯了，加上自尊，因此，她一直不为人注意地坐在人们的背后不发一言。”

自知：认识自己；自己明了；或自然知晓。有自知之明的人不抱怨别人，懂得命运的人不埋怨天。所以君子会遵循这正常的事，而小人则遵循异端。《老子》第三十三章：知人者智，自知者明，胜人者有力，自胜者强。宗臣《报刘一丈书》：“夫才德不称，固自知之矣；至于不乎之病，则尤不才为甚。”王充《论衡·实知》：“不学自知，不问自晓，古今行事，未之有也。”

微笑：弯曲的嘴两端附近的肌肉所形成的面部表情。在人与人之间，它是一个表达方式，表示愉悦、欢乐、幸福，或乐趣，但也可以是一个焦虑的非自愿性的表达，在这种情况下，它是作为一个鬼脸。微笑是不分文化、种族或宗教，每个人都能理解的，它是国际通用的。跨文化研究表明，面带微笑是世界各地情感沟通的手段，但不同文化之间也有较大的差异。一个微笑也可以自发或人为的。

自信：自己相信自己。自信对我们的生活非常重要，我们的事业、我们的爱情、我们的生活、我们的工作，不管是哪一个领域，自信都是无比重要的。自信给人以力量，给人以快乐。正是有了自信，人们才充满了睿智，你和我的心中才升腾起无尽的希望。人们只有自信才能让自己的人生之花开得更茂盛更灿烂。只有自信才能让生活处处是舞台，让人生越过越精彩。

胆小怕事：是指胆子小，怕事情落在自己头上，怕惹麻烦或是不好的事情要自己承担。

大展宏图：展：把卷画打开，比喻实现；宏图：比喻宏伟远大的谋略与计划。具体解释为：放手实施宏伟的计划和设想。

持之以恒：有恒心，持续不间断，老是那么一股劲地进行。曾国藩《家训喻纪泽》：“尔之短处，在言语欠钝讷，举止欠端重，看书不能深入，而作文不能峥嵘。若能从此三事上下一番苦功，进之以猛，持之以恒，不过一二年，自尔精进而不觉。”

自我认识：自我认识是自我意识的认知成分。它是自我意识的首要成分，也是自我调节控制的心理基础，它又包括自我感觉、自我概念、自我观察、自我分析和自我评价。自我分析是在自我观察的基础上对自身状况的反思。自我评价是对自己能力、品德、行为等方面社会价值的评估，它最能代表一个人自我认识的水平。